JN160973

GEHEIMNIS DES HEILIGEN REICHES LEICA

# 神聖ライカ帝国の秘密

## 王者たるカメラ100年の系譜

竹田正一郎＋森亮資

潮書房光人社

# 追悼——竹田正一郎、あるいはフリッツという名の紳士

アンドレアス・カウフマン博士
ライカカメラAG代表

私は、今でも竹田正一郎、あるいはフリッツという名の紳士のことが忘れられないでいる。フリッツは、粋な紳士であり、常にエレガントでコロニアル風のファッションを着こなしていた。笑う度にその顔には波乱万丈な人生、それは世界の大陸を渡って面白い仕事をしてきた過去を表わす年輪と貫禄を見せてくれました。

彼はまた特別なユーモアの持ち主でした！　例えば、ある日にEメールにファイルを添付するのを忘れた彼が追伸のメールに、「私は胃が摘出されたが、もしかしたら医者が私の脳も摘出してしまったのか」と、ジョークを書いてきたことが忘れられない。

そして、フリッツは特別に洗練された教養人で、哲学と詩について深遠な知識を持っていました。例えば、私のアシスタント宛にあるEメールで東京の天気について話していた彼は、「これはある日本の古典の詩の思い出させる……Like the old gold of a summer's day……」と書いてきました。

また、彼はミシュラン級の最高なフランス料理（Joel Robuchonとか！）を味わうことよりも、もっとも好きだったことはタバコを吸うことでした。それは子供時代にある親戚から習った最高に粋なことだったとか——まぁ、時代が変わりましたけどね！

フリッツにとって最高のパッション、尽きない興味はライカだったと思います。私と彼は決して出会うのが早くなかった、否、残念ながら遅すぎました。しかし、フリッツにとって日本でライカに貢献できることは最高の喜びだったのです！　そしてフリッツは、日本のカメラ業界や出版社と連携して、ライカにとって特別に有利な環境を作ってくれました。晩年には私のために日本のカメラとレンズ業界からの有益な情報を集めてくれて、私たちが日本のカメラ業界の状況を知るのを助けてくれました。

私は、フリッツのこと、そして彼のライカに対して出してきた数々のアイデアが懐かしい。彼と知り合えたことは、私にとって非常に誇りに思っています。

## 現代という視線からみたライカとその未来

もし、この業界と関連する他の業界の関係者が将来のことを予知できるなら、その将来が変わったものになるでしょう！　というのも、将来のことを予知できればそれを変えることができ、将来は将来ではなく未来になるのですから！

でもそれよりもライカカメラは常に私共の主張である「Das Wesentliche（不可欠なもの）」の先端を歩くように頑張り、さらなるフォトグラフィーのためにモノ・デバイス・サービスの開発に力を入れていきます！　我々は開発をイノベーションとレボリューションという2つの軸で行なうようにします。これこそがライカ流！

ライカはこれからも今までのようにイノベーションを行ないます。ここで過去10年間のイノベーションをいくつか紹介させていただきます。

２００６年　ライカMデジタル

2008年　初の一眼レフサイズ中判カメラ（新規格のレンズセット付き）
2009年　X1――初のAPSセンサー付き一般用カメラ
2009年　M9――初の距離計搭載全判カメラ
2012年　Mモノクローム
2014年　Tシリーズ――初の完全にタッチスクリーン式カメラ

など。

これらのことは、実際には容易ではなかったのです。というのも、我々はヨーロッパで、あるサイズのカメラの唯一の生産者であるからです！　しかし、我々の技術者たちと職人たちのおかげで、それにライカカメラAGの独特なライカ・ストア・コンセプト、ライカ・ギャラリー、そして忘れてはいけないのは長年にわたって熱烈なライカ愛用者のご愛顧があることこそ、実に素晴らしい未来が私たちを待っているのに違いないと思います。そして、21世紀においても写真が未来の芸術たらんことを！

（翻訳：エディーリー・チャン／監訳・文責：森　亮資）

神聖ライカ帝国の秘密

目次

# 第I部 神聖ライカ帝国の歴史

竹田正一郎

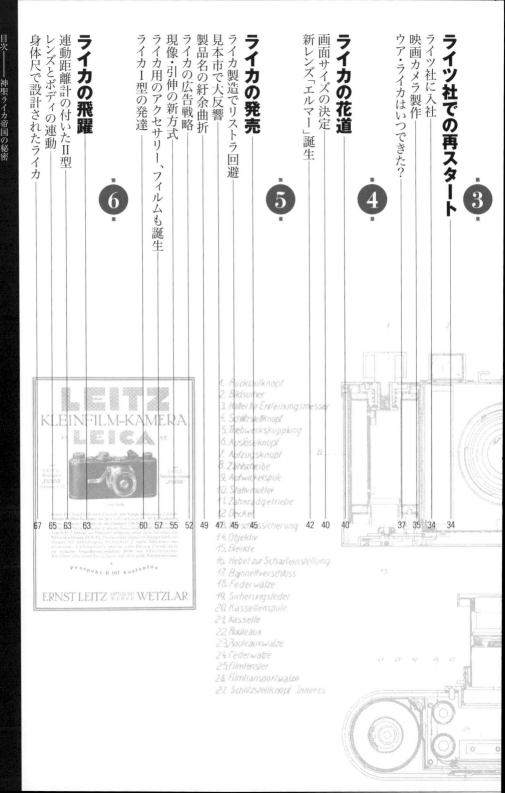

LEITZ
KLEINFILM-KAMERA
LEICA
Prospekt R 107 kostenlos
ERNST LEITZ OPTISCHE WERKE WETZLAR


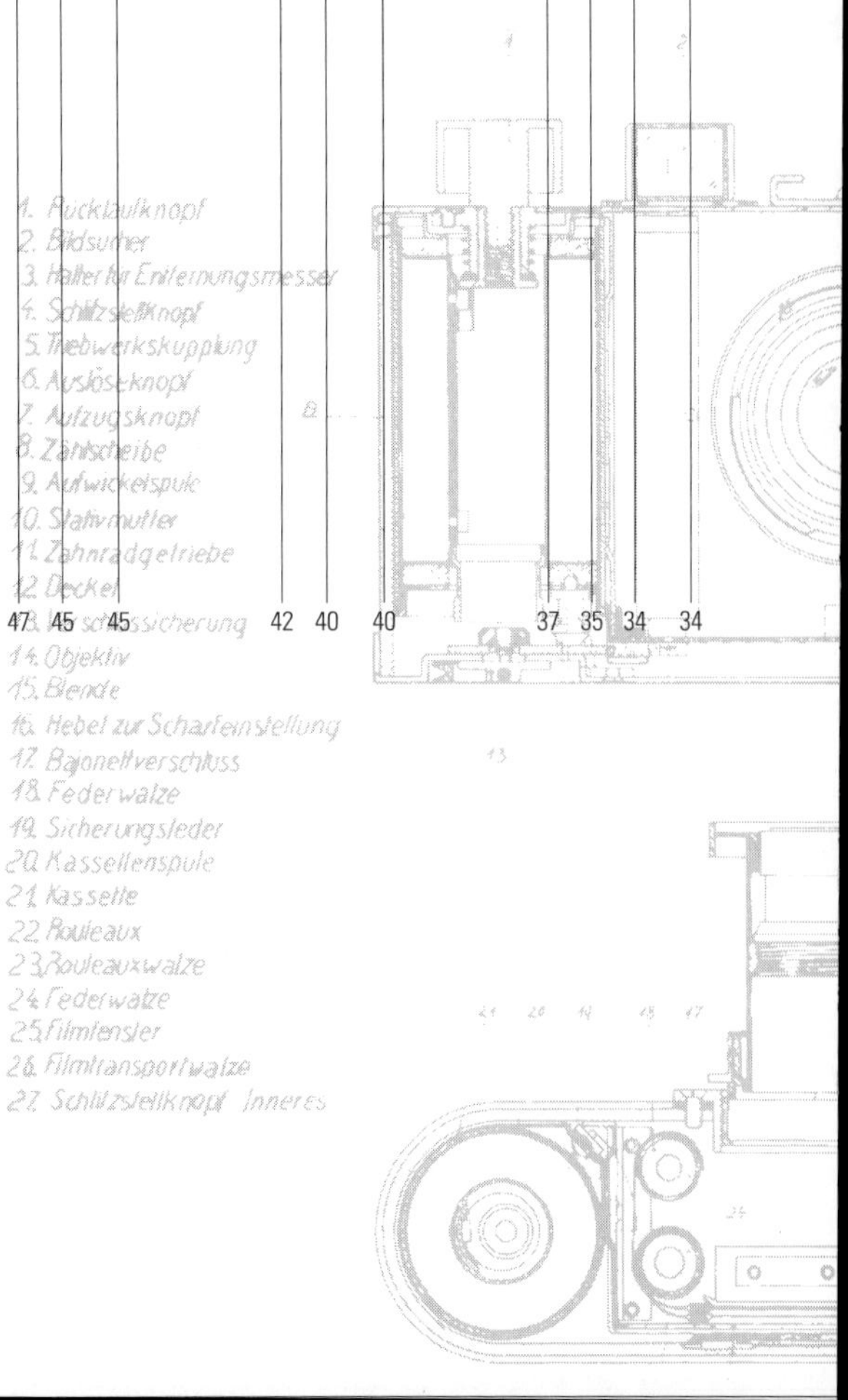

1. Rücklaufknopf
2. Bildsucher
3. Halter für Entfernungsmesser
4. Schlitzstellknopf
5. Triebwerkskupplung
6. Auslöseknopf
7. Aufzugsknopf
8. Zählscheibe
9. Aufwickelspule
10. Stativmutter
11. Zahnradgetriebe
12. Deckel
14. Objektiv
15. Blende
16. Hebel zur Scharfeinstellung
17. Bajonettverschluss
18. Federwalze
19. Sicherungsfeder
20. Kassettenspule
21. Kassette
22. Rouleaux
23. Rouleauxwalze
24. Federwalze
25. Filmfenster
26. Filmtransportwalze
27. Schlitzstellknopf Inneres

Kleinfilmkamera
Leica
Ernst
Leitz
Wetzlar
A NEW MODEL OF THE FAMOUS
LEITZ LEICA CAMERA
NOW AVAILABLE WITH INTERCHANGEABLE LENSES
E. LEITZ (LONDON) 20, Mortimer St.
LONDON, W.1

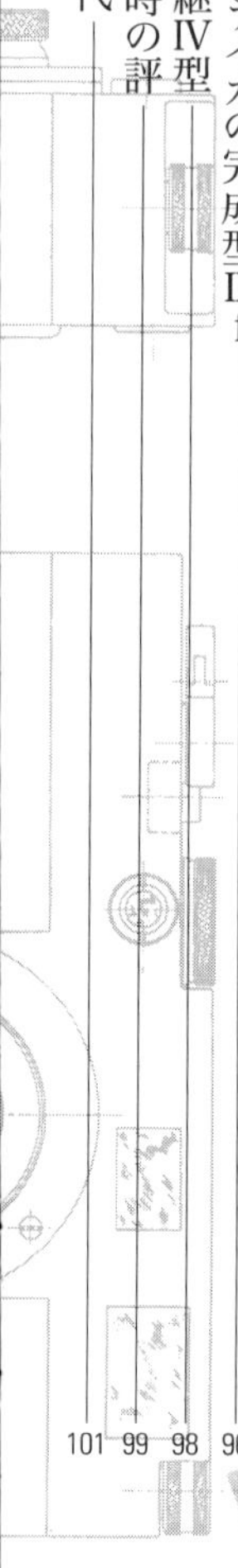

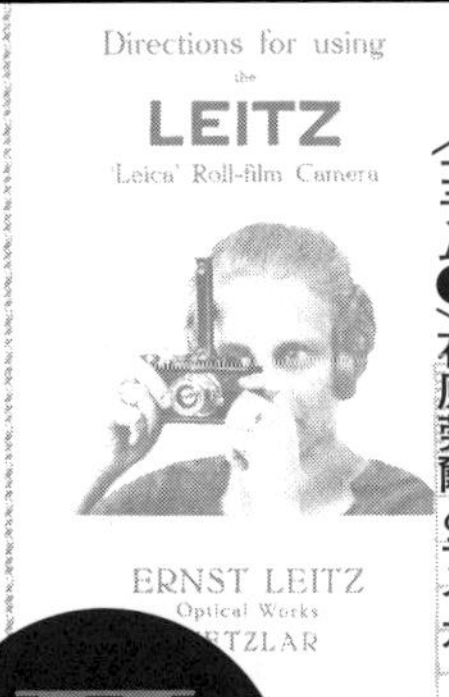


## 第II部 神聖ライカ帝国の人間たち

竹田正一郎



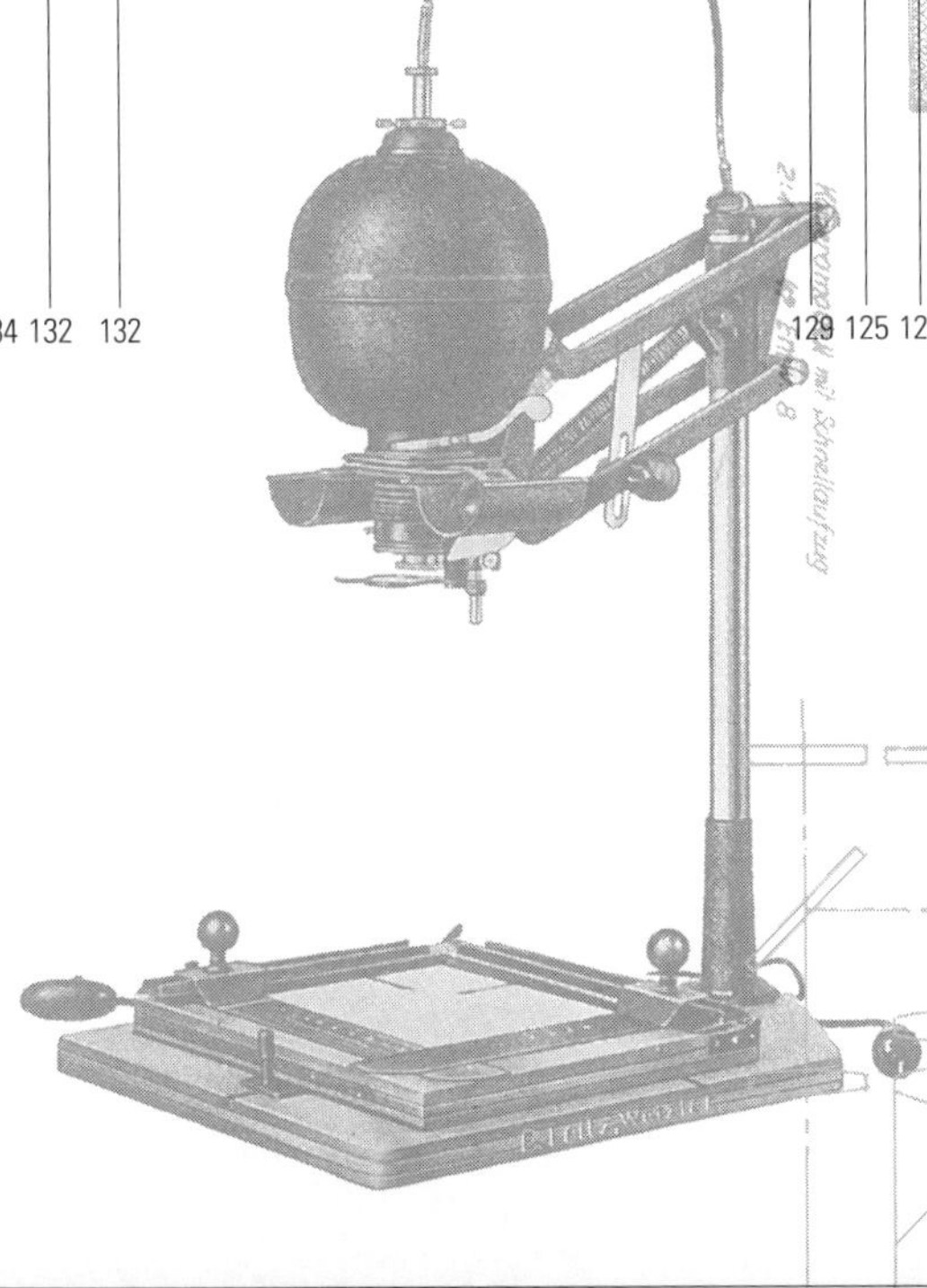

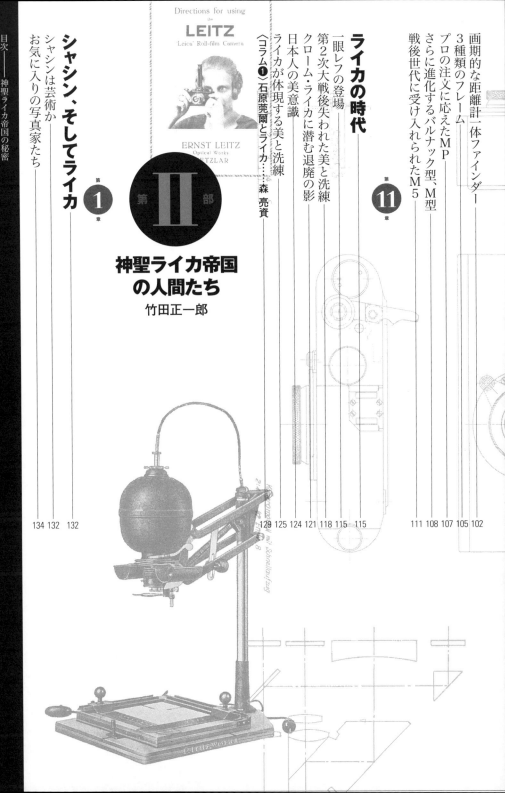

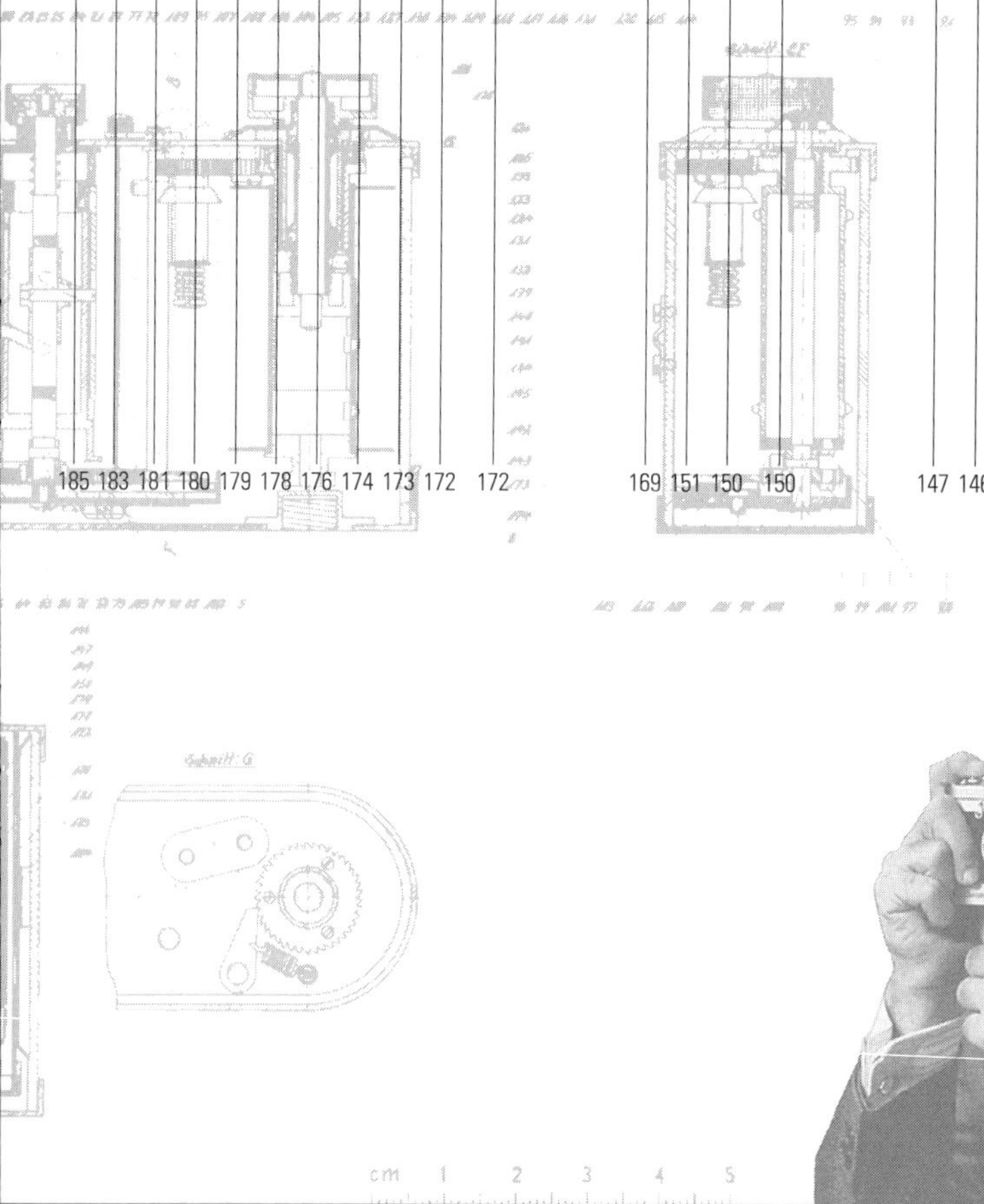

# 第III部 神聖ライカ帝国 VS 大ツァイス連合



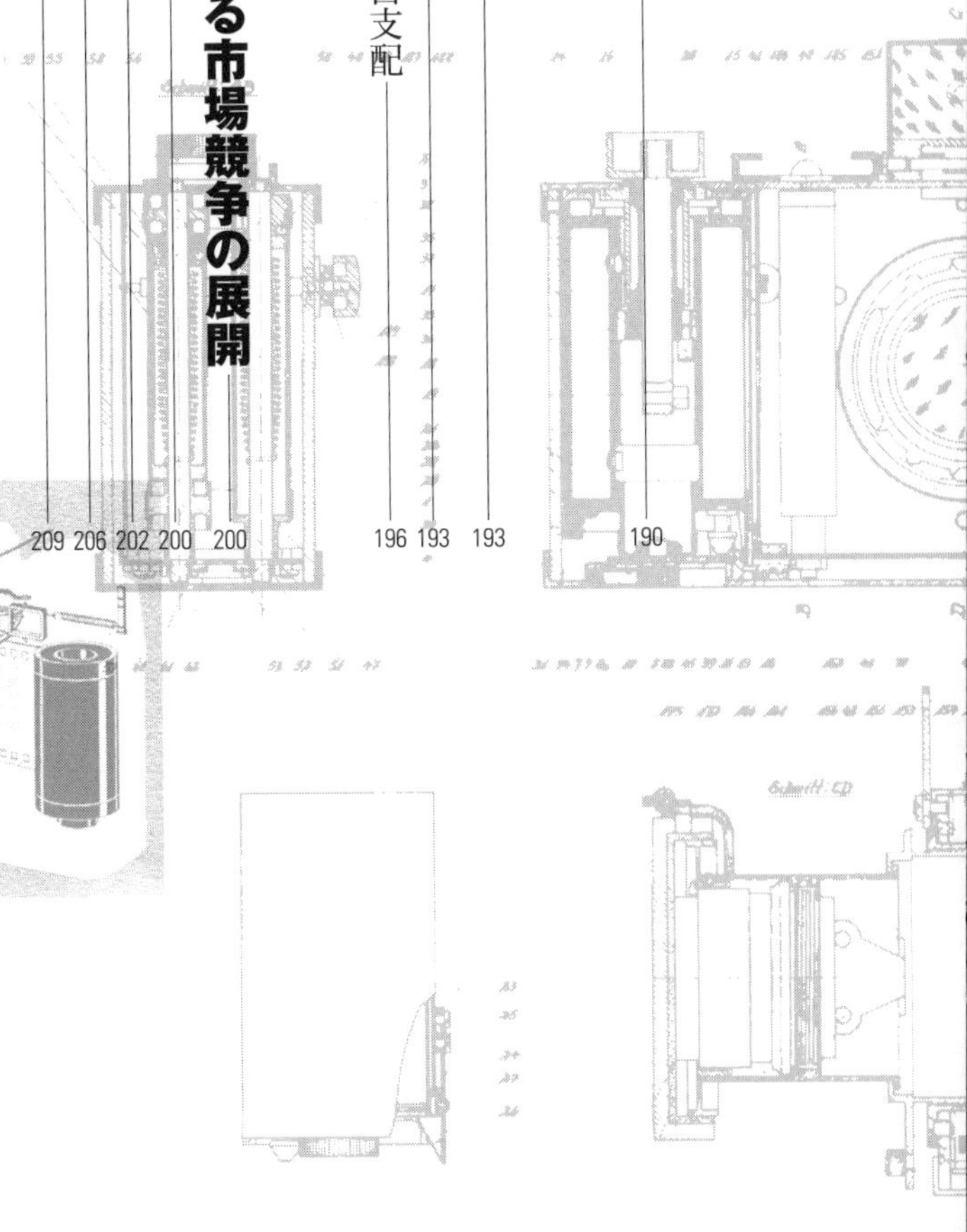

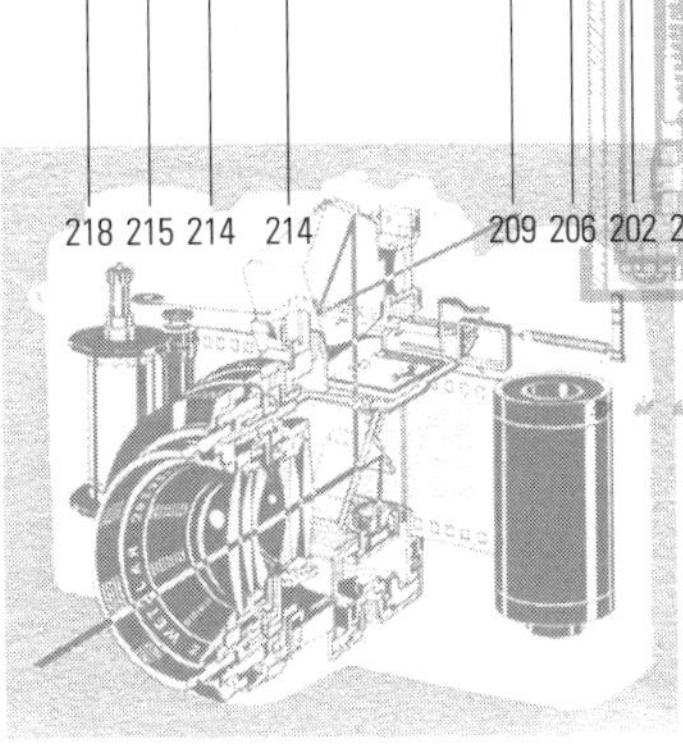

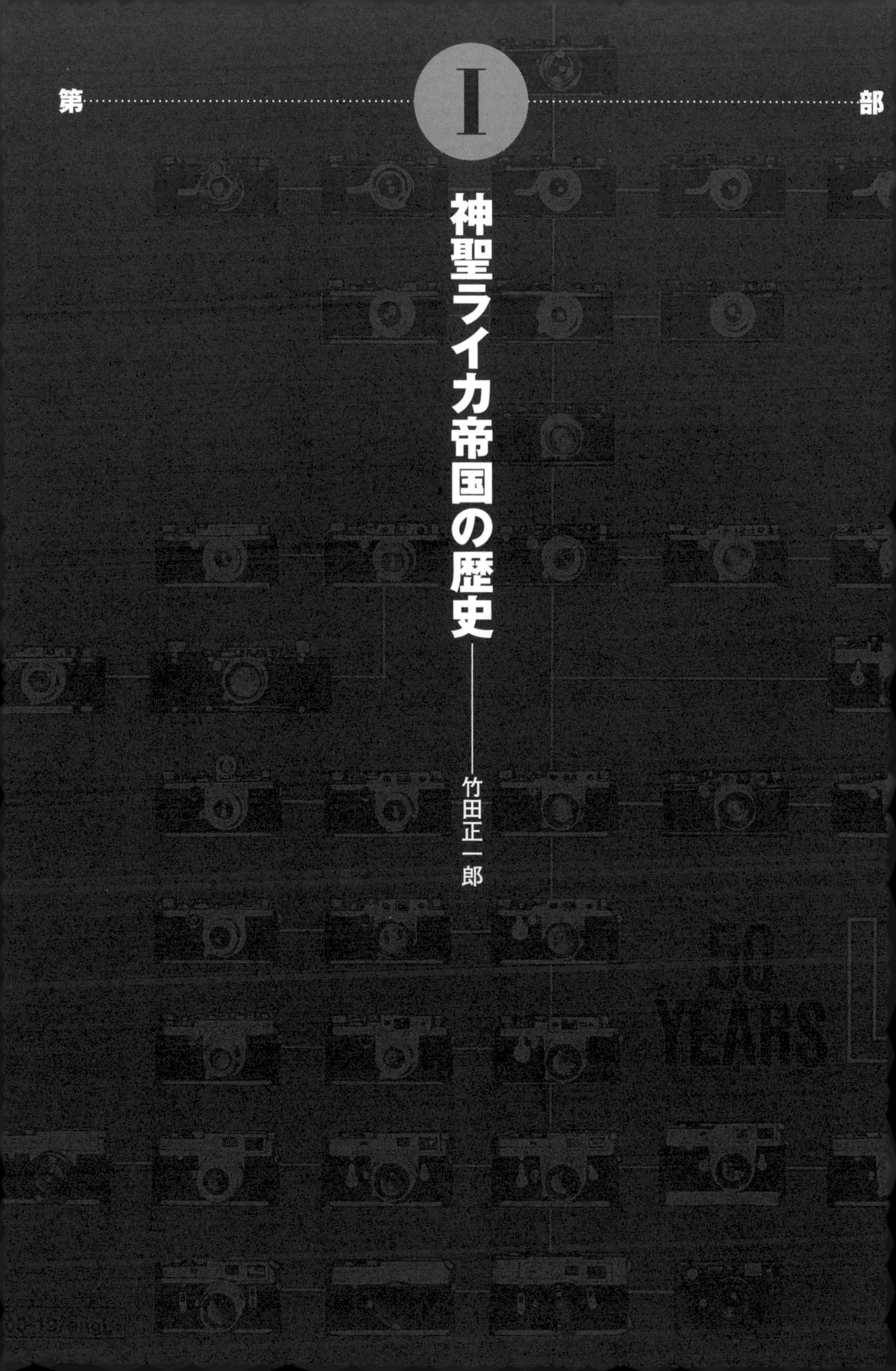

# 第I部

# 神聖ライカ帝国の歴史

竹田正一郎

## はじめに

ライカマニアは多い。

彼らはライカを崇拝している。

彼らにとって、ライカはフェティシズムの対象である。

フェティシズムというのは、モノを神として崇拝することだ。比較民俗学者のド・ブロスが1760年にハツメイした概念で、野蛮人が呪物を崇拝する習慣から来ている。

このフェティシズム概念が精神分析学などに拡大されて、靴フェチとか腋フェチとかのコトバが出てきたのだが、これは節片淫乱症というタダのヘンタイだから、ライカの話にはかんけいない。

マルクスまで、このフェティシズムの概念を応用して、イロイロ理屈を言ってる。作ったニンゲンの労働の結果であるに過ぎない商品というモノの中に、内在的なチカラがある、その考えがフェティシズムだというのだ。

モノを神として崇拝するフェティシズム。

モノといっても、タダのモノじゃないぞ。

魔力、霊力が宿るもの、例えばお守りを、崇拝することだ。それを持ってると、その魔力が自分に伝わって、災難から逃れたり、スゴイ能力を発揮したりできる。そういうモノを崇拝することだ。

ライカじゃないカメラには、どんな高級機であろうが名機であろうが、そんな力はない。性能的にはライカより優れているものも多いが、性能と魔力は、また別のモノだ。ライカだけが、その魔力を独占してるのだ。

ライカ嫌いの人には、受け入れにくい事実だが、仕方がない。90年も前の1925年に発売されて、戦前戦後を通じて、いまだにずーっと、別格の超高級機としての、ポジションを確保している。

ライカ。

それは魔力みたいなチカラを持っているとしか、いいようがない。

魔力、霊力を宿す。

神聖ライカ帝国。

そう表現したくなるほどの、神聖なチカラを持っている。

そして、ほかの有名カメラよりも、うんと高く売れる。経済学のコトバでいうと、超過収益力があるということだ。

おなじカテゴリーの中の、ほかの商品と、性能などは同じなのに、もっと高いネダンで売れる。それが超過収益力だ。

高いネダンで通せるのは、ブランドに対する信用があるからだ。複数の、それもかなり大勢の買い手が、そのブランドの魔力・霊力にイカレているからだ。

でも、ライカはブランドモノ、超過収益力商品であるだけじゃない。

ライカを使うと、その魔力が自分に乗り移って、イイ写真が撮れる。ウデが上がる。

そう思わせるチカラがあるのだ。

キカイものでは、ちょっと例がないことで、時計でも高級時計御三家のヴァシュロン

・コンスタンタン、パテーク・フィリップ、オードマール・ピゲ、どれ持ってたって、その力が乗り移ったりしない。

クルマも同じで、ロールズ・ロイスであろうがベントレーであろうがアルファ・ロメオであろうが、コロガシてて事故から守られたり、運転がうまくなったりする感じはない。むしろコスラナイようにとか、慎重になるだけだ。

ヴァシュロンにしてもロールズ・ロイスにしても、ブランドモノ、超過収益力商品の代表だが、こんなふうに持ち主のウデがあがると思わせるチカラはない。

でもこれが武器トカになると、ちょっと違う。たとえばカタナ、剣、これはちょっと違うぞ。

妖刀村正、これを持っていると、なにか超人的な腕前になった気がして、それを試したくて、そして伝説の村正の切れ味を体感したくて、ムヤミに人を切りたくなるらしい。辻斬り、つまり通り魔的無差別殺人だが、ムカシの辻斬りは、村正、とまでは行かなくても、並みのカタナを手に入れたヤツまで、そのキモチを抑えきれなくて、犯行に及んだらしい。

でもライカはこーゆー物騒な道具じゃなくて、タダの人畜無害のカメラだ。

いや、無害とは言い切れない。なぜなら最新型のM－240、ボディと標準レンズで合計150万エンほどもするのだもの、こちとらにはエンが無いと諦めようとしても、なかなか諦めきれない、そういう精神的環境負担が残る分だけ、害があるということだ。

なぜこんなチカラを持つようになったのか。

無数の伝説に飾られているライカだが、伝説のオカゲでこうなったのか？

いや、違う。ゼッタイ違う。チャンとした、現実的な、具体的な理由があるのだ。それはアトのほうで、詳しく言う。

ともかく、いまではこんなチカラを持つライカ、その始まりは、ごく地味な見かけの、でもすごく斬新なカメラだった。

作ったのはオスカー・バルナック。

プロトタイプができたのが、１９１３年と言われているが、ほんとうは１９０５年ぐらいだろう。というのにはワケがある。それはアトで説明する。

ここで言ったこと、それはライカがフェティシズムの対象であり、フシギなチカラを持ったカメラだということだ。

そういうカメラは、ライカ以外には無い。そのことを覚えていてほしい。

というワケで、まずはハジメから辿ってゆこう。

# 第1章 バルナック

## 14歳で丁稚奉公に

オスカー・バルナック（Oskar Barnack）は1879年11月1日の生まれだから、130年ほど前、日本でいえば明治12年生まれ。結構古い。

彼が生まれた家はベルリンの南のリューノーというところにあったが、彼が生まれてすぐ、一家はベルリン郊外のリヒターフェルデに引っ越しする。

だからバルナックは、ベルリンッ子なのだ。彼が生涯もっていた洗練された美的感覚は、この時代から養われていたと思える。

子供の時は画家になりたかった。それも風景画家だ。

学校の教師だった父親が、これに反対する。画家なんて、貧乏人の子供がやることだ。それに画家になれたって、それで食ってゆくのは難しい。もっと地に足のついた、まっとうな職業に就け。それが父親の意見だ。多少の金は用意するから、いい親方のところで修行しろ、という。

当時でも今でも、ドイツでは初等教育の時期から、進学組と就職組とが分かれる。進学組には、官僚やブルジョアの息子などが多く、いずれ大学で学位を取って、研究生活にはいって学者になるか、大会社に就職して役員を目指すか、というコースだ。

就職組は、14歳で丁稚《でっち》奉公に出る。レールリング（Lehrling）つまり見習いという名前で、3年間修行する。もちろん授業料は払う。3年分前払いで、いまの金にすると5、600万円は払う。もちろん住み込みで、衣食住込みだから、良心的なネダンだろう。

バルナックは父親の紹介で、おなじリヒターフェルデのランペ親方の所へ見習い奉公にゆく。親方の工房では、小型プラネタリウムというか、太陽系の模型を作っている。精巧にできてて、惑星はもちろん、月とかもちゃんと動いて満ち欠けする。全体はゼンマイ仕掛けで動くのだ。

ランペ親方に指導を受けて、精密工作に夢中になったバルナックは、将来は天文学のほうに進みたいと考えるようになる。そうこうするうちに、どんどん腕が良くなって、2年半経った時点で、もう教えることは何もない、と親方がいうほどのレベルに到達する。つまり見習い卒業というわけだ。

## ワタリ修行

17歳で見習いを卒業すると、こんどはゲゼレ（Geselle）つまり職人になる。そして仕事をすれば、見習いの時と違って、それ相応の給金がもらえる。

バルナックの場合は、半年早く終えたので、入った時の3年の年季が、まだ半年のこっているから、すこし早いけれど、ゲゼレとして、とりあえず6カ月、どっかへ修行に出ろ、そのあとも、バルナックのキモチ次第で、そのままワタリ修行を続けていい、という親方からの指示が出る。

❶——ライカの発明者、オスカー・バルナック。1934年の写真。©WestLicht-Auction

ゲゼレは、最低でも三年と一日、ワタリ修行をやって腕を磨いて、そのあと試験を受けて、マイスターつまり名人になる。それが就職組の終着駅だ。マイスターになると、作ったものは名人の作品として高く売れるし、2人まで見習いを受け入れて、授業料のカネとって教育できる。

ちなみにマイスターを親方と訳するのは感心しない。見習いを教育する上では親方だが、それはサイドジョブで、本来は自分の作品を売って生活するのだ。厳重なマイスターの試験をパスした職人の作品だから、高く売れるに決まっている。主たる生活の資は、そこから得ているので、マイスターは名人としての面が主なのだ。だから「名人」という訳のほうが、本質を顕している。

この修行旅行で、バルナックはザクセンに行って、機械式計算機を作っている工場でしばらく働く。1896年ごろの話だ。

機械式計算機は17世紀になって、ライプニッツやパスカルが初期的なものを発明したが、あまり実用には向いていなかった。1820年のコルマが発明したアリスモメーターというのが、近代の機械式計算機の草分けで、これを改良して1874年にスウェーデンのオドネルが作ったのが、量産型としては最初のものだ。

オドネルは特許を公開したので、日本でも大正時代に、これを基礎にして大本寅次郎が、タイガー計算機を作っている。

またバロウズが1888年に特許を取った計算機が大成功して、それがいまのコンピュータの大手企業ユニシスに発展している。おなじ1880年代、国勢調査の集計とかを目的に、統計学者ホレリスが、パンチカードを使った加算だけの計算機を作る。これを製造した企業の流れが、現在のIBMにつながっている。

バルナックがこの工場で働き始めた1896年ごろは、ちょうど機械式計算機ビジネスがブームになった時期で、のちに光学機械の分野で大企業になったC・P・ゲルツのオーナーも、少し前の1886年ごろには、計算機の通販をやっていた。

バルナックが勤めた工場のオーナーはマイスターだったが、ザクセン地方の田舎の出身で、ベルリン育ちのシティ・ボーイのバルナックが気に入らない。辛くあたることが多くて、給料も安かった。

ところがある日、定期点検のために持ち込まれた計算機を、バルナックがオーバーホールして、新品同様の状態にしてしまう。それもオーナーが、ちょっと散歩に出かけた留守のあいだに、手早く仕事を済ませてるのだ。帰ってきた親方はビックリ、それからバルナックに対する待遇が、すっかり変わってしまった。

## カール・ツァイスのパルモス事業部

そのあとの6年ほど、バルナックがどこで何をしていたのか、資料が無くてわからない。ワタリ修行は最低3年と1日と決まっているが、3年プラス1日で切り上げる職人は非常に少なくて、中には10年近くワタリをやっている職人もいる。なぜかというと、すごく難しいマイスター試験に、一発で合格するためだ。試験を受けられるのは2回までと決まっているから、完璧に腕を磨いとかないと、1回落ちてしまえば、モウ試験を受けられるのはあと1回だけ、崖っぷちになるからだ。

とにかく6年後の1902年、23歳のとき、イエナのカール・ツァイス工場に来て、そこでメハニカー（Mechaniker）つまり機械工になる。ランペ親方のところへは手紙を書いて、ツァイスでしばらく腰を落ち着けたいから、そっちへ戻るのは、もう少し先になると知らせる。

バルナックがツァイスの、どこの部門で働いていたか、正確な記録はない。あとになってライカを開発して有名になる彼だが、当時はまだ無名の機械工だ。ツァイスの従業員は1902年で1288名いる。その中の無名の、下っ端の一人だから、正確な記録はムリだろう。

でもさいきんの研究では、彼がパルモス事業部にいたということが、ほぼ定説になっている。

パルモス事業部とは何か。

パルモスというカメラを作っていた事業部だ。

カール・ツァイスは、1846年に創業して現在まで続いている企業だが、その長い歴史のなかで、社内でカメラを作っていたのは、たった2回、それも短い期間だけだ。最初が1902年から1909年まで、2回目が第2次大戦のあとの1946年から1948年までだ。この第2回目というのは、ソヴィエト占領軍の命令で、イエナ工場で、いわゆるイエナ・コンタックスを作っていた時期である。

そして第1回目が、ここでいうパルモス事業部だ。

もともとカール・ツァイスは、カメラ用のレンズを作ってはいたが、カメラ本体は作らなかった。カメラメーカーはクライアントなので、それとの競合は避けたかったのだ。

ではなぜパルモス事業部というのができたか。

話はすこし遡るが、ツァイスで写真用レンズを作り始めたころ、当時のドイツのカメラメーカーが作るボディは、精度があまりよくなかった。ツァイスの技術担当の最高責任者だったエルンスト・アッベ博士（Ernst Abbe）は、ツァイスレンズの性能の良さを実証して、ブランド価値を高めるには、もっと精度の高いボディが必要だと考えた。

そこで部下のパウル・ルドルフ博士（Paul Rudolph）に、手頃なカメラメーカーと話を付けて、共同でボディ作りを始めろという命令を出す。

ルドルフが探してきたのが、ゲルリッツにあったクルト・ベンツイーンという会社で、ルドルフ個人とベンツイーン社の共同出資で、パルモス社というのを立ち上げた。1900年のことだ。工場はイエナにある。ツァイスの名前をオモテに出すのを避けたのだが、ルドルフが出資した金は、もちろんツァイスから出ている。

ところが1901年に、ライプツィヒの銀行が破綻したのに巻き込まれて、パルモス社はつぶれてしまう。

そこでアッベがパルモス社を、従業員ぐるみで、社内に引き取った。カール・ツァイス・パルモス事業部が1902年1月1日付けで発足したのは、こういう事情からだ。

## 小型カメラのヒント

そこへ舞い込んだのが、オスカー・バルナックというワケだ。

バルナックはもともと風景画家になりたかったぐらいだから、山歩きで写真を撮るのが趣味で、パルモス事業部に勤めてからは、休みになると、イエナ近郊のチューリンゲンの山の景色を撮影して歩いた。

彼が使っていたのは5×7判の乾板式、つまり13×18センチの大型カメラで、これに乾板を装填したカセッテも付けて、全体を重い革ケースに入れて、山道を歩く。たいへんな重さだし、おまけにゼンソクの持病があったので、すっかり参ってしまう。

彼が小型軽量のカメラを思いついたのは、週末ごとにそんなシンドイ目をしていた、

❷――パウル・ルドルフ博士。テッサー、キノ・プラズマート等の発明者としても名高い。

1905年のころだと、自分で書いている。

それで5×7判の乾板の上に、いくつも小さな画像を撮影するカメラを考案するのだが、画像がすごく小さいので、引き伸ばすと、粒子が粗くなって使い物にならない。それでこのカメラはボツになる。

さっき言ったパルモス社が、まだ独立してた1900年に出したカメラで、フィルム・パルモス6×9というのがある。ブローニ120サイズのロールフィルムを使うカメラで、レンズボードを蛇腹で持ち出して金具で止めるのだが、これが画期的な構造を持っている。

ライカと同じように、フォーカルプレーンシャッターを巻き上げると、フィルムの巻き上げが同調するのだ。ドイツ特許庁から1901年に特許が下りている。

バルナックは、あとになってライツ社に転職して、ライカを発明するのだが、それをライツ社が特許申請したときに、ドイツ特許庁は却下する。却下の理由の一つは、リヨンのパスカルという男の1904年の発明で、フィルム給送とシャッター巻き上げが同調するという内容だ。理由の2番目が、この1901年特許のフィルム・パルモスで、これもフィルム給送とシャッター巻き上げが同調するのだが、パスカルのとは、ちょっとメカニズムが違う。

パルモス社がツァイスに吸収されて、パルモス事業部になった1902年に、ちょうどバルナックが入社してくるのだが、彼は毎日のようにこのフィルム・パルモスを見ていたから、シャッター送りとフィルム送りの同調ということは、ライカを設計するとき、初めっから、彼のアタマにあっただろう。そう思ってフィルム・パルモスをみると、どこか、ウア・ライカに似た感じがある。

❸——ロールフィルム・パルモス6×9。ライカに先駆けてシャッター・フィルム給送同調機構を実現したカメラである。

バルナックは、パルモス事業部でのシゴトが気に入って、週末ごとの山歩きを楽しんでいた。

それと同時に、パルモスのシャッター・フィルム給送同調機構を使った小型カメラを試作していたに違いない。

ところが、このパルモス事業部が、無くなってしまうという大事件が起こる。

それを説明する前に、ハナシがすこし戻るが、ドイツでの光学産業の発祥地は、ラーテノーで、ヘルマン・ドゥンカーというマイスターが、メガネレンズなどの研磨所を開いたのが元だ。ドゥンカーには後継ぎがいなかったので、彼の死後、工場は甥のエーミール・ブッシュが引き継ぐ。そのうちにメガネレンズ工場はたくさんできるが、一番の大手は、ブッシュの工場だ。なにしろ草分けだから、仕方がない。

# 第2章 ドレスデン

## 過当競争

そのうちカメラというものが出てくると、カメラ工業はドレスデンが中心になる。ドレスデンは、もともと木工、それも高級木工品であるタンスとか引き出しとかの指物製品が盛んな街で、当時のカメラというのはすべて木製だし、それでいて厳重な光密性が必要だから、とうぜん指物師のシゴトになる。だから精密木工で有名なドレスデンが、カメラの中心になったのは、アタリマエなのだ。

そのドレスデンで最大手のカメラ工場がヒュッティヒで、2番手がエルネマン、3番手がヴュンシェだ。ヒュッティヒは、なにしろ1889年にはジョージ・イーストマンが表敬訪問に来るぐらいだから、別格の大工場だった。

でもカメラ屋の数が多すぎて、スグに過当競争が始まる。最初は独自のアイデアで品質競争だったのが、だんだんネタが尽きるので、自然に価格競争になる。このために各社の体力が落ちて、業界がしぼんでくる。

というのも当時のカメラは、細かいところで多少の工夫はあったとしても、要するにシャッター付きの暗箱で、さっきも書いたけど家具なんかをつくる指物師のシゴトに毛が生えたようなモノだ。つまり、テクノロジー・インテンシシブ（技術集約）な商品カテゴリーじゃない。だから、どうしても市場形成の早い時期に生産過剰と、価格競争が起こったのだろう。

こうなりゃ、さすがのヒュッテイヒも息切れしてくるし、ヴュンシェでも同じだ。おまけにヒュッテイヒでは当時の社主のカール・ヒュッテイヒが商法違反で逮捕されて、牢屋に入る。後継ぎの経営責任者になったのが、グイド・メンゲル（Guido Mengel）で、あとでも触れるが、なかなかの切れ者だ。

ここでまた大事件、というのは、ヴュンシェの社主のエーミール・ヴュンシェが自殺するのだ。１９０２年10月27日のことだ。業績低下を苦にして、ということらしい。あとは彼の片腕だったランゲという人が引き継ぐけれど、落ち目の会社を立て直すチカラはない。

## 合併のシナリオ

ドレスデンではないけれど、この過当競争に参加していたもうひとつの大手が、フランクフルトのドクトル・クリューゲナーだ。

この人は化学技術者で、大手の重化学工業会社に勤めていたときに、爆発事故で片脚をなくして、カメラ事業の会社を興したひとだ。根っからのアイデアマンで、新発明をふんだんに取り入れたカメラを何種類も出して、事業を成長させた。でも価格競争に巻き込まれて、体力がガタ落ちになる。

サア、ここで登場するのが、さっき言ったメンゲルだ。

彼はまず、過当競争のトバッチリでイイカゲンになっていた工業所有権の管理をハッキリさせて、特許侵害とかやってるとこには訴訟を起こして、秩序を取り戻す。

それから彼は、ヴュンシエやクリューゲナーと話をして、自分が経営しているヒュッティヒと合併しないか、というオファーをする。

合併したら、価格競争とかも無くなる。広告とかも各社が競争でカネつかう必要がなくなる。経理とかの管理部門も、ひとつだけで済むから、人件費などの固定費の節約になる。

それに何よりも大事なのは、各社がバラバラに持っている特許を全部まとめて使えることになるから、特許機構山盛りの、すごい性能のカメラができる。

でも、こういう構想は、メンゲル一人の知恵じゃない。背後にカール・ツァイスがいたのだ。ツァイスがシナリオを作って、メンゲルが動いた、そういうことだ。

なぜツァイスが、そういう考えに行き着いたのか。

過当競争を起こしているカメラメーカーは、すべてツァイスのお得意さんだ。これが競争で共倒れになったら、ツァイスだって大事な得意先を集団で無くしてしまうのだから、大きな損をする。それで、この合同を考えたのだ。

メンゲルがこの話をだいたい纏めると、ツァイスでもこの合同に参加すると言い出す。パルモス事業部を、この合同の中に、入れろというのだ。現物出資というわけだ。

こうやってできたのが、ICA（International Camera AG）という大会社だ。スタートが1910年だが、2年目の1912年の時点で、年産5万台のカメラを作っている。社長は、メンゲルが務める。ヒュッティヒ、ヴュンシェ、クリューゲナー、そしてこのパルモス、この4社の連合体だ。

工場は、各社がもっていた工場を活用しながら、ドレスデンに新社屋も作って、そこも活動の拠点とひとつにする。

この新社屋で作っていたのが、あとで出てくるコンタックスだ。

## メシャウからの誘い

こういう事情で、パルモス事業部は、現物出資されて、ツァイス社内には無くなってしまった。サア、バルナックは困った。どうする。新会社のＩＣＡで雇ってもらおうか、ツァイスのほかの部門へ移るか、それともどっか別のトコへ行くか。

どうしようか迷っているときに、先輩のエミール・メシャウ（Emil Mechau）という男から、誘いの手紙が来る。

ライツ社に来い、というのだ。

メシャウは、１８８２年生まれ。ツァイスの天体望遠鏡部門や探照灯部門で働いていたが、バルナックとは気が合って、よく付き合っていた。

天体望遠鏡は誰でも知っているが、探照灯というのはチョッとなじみが無いかもしれない。探照灯つまりサーチライトだ。おもに海軍で使っていた。

海軍でもいろいろ使い道があるが、代表的なのは、通信手段だ。

艦船と艦船のあいだの通信は、距離が離れていると、無線機を使うけれど、肉眼や双眼鏡で見える範囲なら、サーチライトを使う。

ヴェネシアン・ブラインドのようなフタを開閉させる装置がついている。これで点滅させて、暗号化したモールス信号を送信するのだ。

メシャウは職場でのシゴトのかたわら、新式の映写機を開発していた。

❹――エミール・メシャウ。バルナックをライツ社へ誘った人物として知られるが、のちにテレフンケンに移籍して初期のテレビ開発にも活躍した。

ふつうの映写機は、ヒトコマずつ、画像が写っているフィルムを、送り爪で引っ掛けてアパーチュア・ゲートに持って来て一瞬停止させ、その画像を透過した光線を拡大してスクリーンに映している。これを繰り返すのだが、前の画像から次の画像へ移るとき、画像の端っこがアパーチュア・ゲートを通過する。この端っこが投影されないように、カバーしている。

カバーするのはフィルム送りに同期して回転する金属円盤で、金属板の部分と穴の開いた部分がある。端っこがゲートにあるときは金属板が覆い、画像がゲートにある時は穴の開いた部分が来るようにしてある。

でも、この方式だと、どうしてもチラツキが出る。

メシャウの映写機は、やり方が違うので、チラツキが出ない。

フィルムの幅の、円形のミゾがある。フィルムはこのミゾの底を、連続的に滑ってゆく。ミゾの底からの光源の光を受けて、画像が円形の中心に向かって出てくるが、これをフィルム送りと同期して回転する多面ミラーで受ける。ひとつの画像がミゾから出てゆくときには、次の画像がミゾに入ってきて、ミラーがそれを拾って投影している。画像は次の画像に溶け込んでゆくのだ。

従来の映写機のフィルム送りがディジタルであるのに反して、メシャウ式はアナログつまり、ヌルヌル動く連続式だといえる。

メシャウがプロジェクターの研究を始めたのは、ツァイスの上司に、20世紀初頭頃に大きい成長分野だった映画産業へ、参入したらどうですか、と勧めるためだ。

これはタイムリーな考えで、１９０３年には、のちにツァイス・イコンに合流するエルネマンが、映写機事業を始めて成功している。またカール・ツァイスをやめて１８７

1年にアスカニア社を創業したカール・バンベルク（Carl Bamberg）は、1912年に映画撮影用カメラの製造を始めて大成功している。ハリウッドでは映画カメラのことを、アスカニアと呼んでいたぐらいだ。

でもツァイスでは、メシャウの考えを取り上げてくれない。そこで彼は、1908年に転職する。その転職先がライツなのだ。ライツではメシャウのアイデアを評価して、メシャウ式映写機を製品化することに決定。ラシュタットに、新しい工場まで作る。

## ライツ一世に会う

パルモス事業部がICAに統合されてしまって、ツァイスのほかの部門に行くか、それともICAに転職するか、あるいはほかの会社で仕事を探すか、行き場に困ったバルナック。迷っていたところへ、メシャウが連絡してきて、ライツに来いと勧める。ちょうどライツではヒトを探しているトコロだったのだ。

ゼンソク持ちだから、年に何ヵ月も休暇を取らなくちゃいけないし、迷惑かけちゃうんじゃないか、そんな返事がバルナックからメシャウ宛てに来るが、メシャウが説得して、ともかく社主のエルンスト・ライツ一世に会うというダンドリになる。

ところでバルナックは、この1910年ころICAに二ヵ月だけ出向しているようだ。おそらく、パルモス関係の引き継ぎ業務のためだろう。

そのときに、ICAの社長のメンゲルに、自分が試作していた小型カメラを見せて、売り込んでいる。有孔の映画フィルムを使って撮影するカメラだ。このことは、カール・ツァイスの人事担当役員だったショメールス博士が記

❺——エルンスト・ライツ一世。バルナックの才能を見出した恩人でもある。写真は1917年にウア・ライカで撮影されたものとされている。©WestLicht-Auction

録に残しているから、間違いない。[*1] つまり、この時点で、ライカの母型は、できあがってたということだ。

メンゲルは、カメラ作りのプロだったのだが、このカメラの価値を認めない。それでバルナックの提案を拒否する。ＩＣＡで製品化することはできないという返事なのだ。バルナックが、メシャウの説得を聞いて、ライツ一世に会ってみようと決心したのは、このプロトタイプライカの製品化を、メンゲルに断られたからだろう。

でも、プロのメンゲルが断ったのには、それなりの理由があった。そのころのバルナックの小型カメラは、18×24ミリの画面サイズだったと思われる。とにもかくにも、つまり映画と同じなのだ。これだと、名刺判に引き伸ばしても、かなり粒子が荒れる。

ポジに反転して、スクリーンに投影すると、映画のときと同じで、粒子はそんなに目立たないが、印画紙にプリントすると、見れたものではない。

映画の宣伝とかに使うスチル写真も、映画のヒトコマから印画しないで、わざわざ別のスチルカメラで撮影するのも、この理由からだ。

そのころのカメラの画面サイズは、名刺判が多くて、そのプリントはみな密着印画だから、粒子がほとんどない。それに比べると、画質が猛烈に見劣りする。

プロのメンゲルは、一目みて、その欠点を見抜いたのだろう。だからバルナックの売り込みを断った。バルナックが、18×24ミリの画面にしたのは、レンズにキノテッサーを使ったからだ。これは、シネカメラ用のレンズだから、イメージサークルが映画のコマ、つまり18×24ミリしかカバーしないのだ。

そのころの大きいイメージサークルのレンズは、みな暗いものばかりで、使えなかったのだ。明るいレンズは、シネカメラ用に限られていたのだ。理由は単純で、ヒトコマ

＊1——Dr.Friedrich Schomerus Geschichte des Jenaer Zeisswerkes 1846-1946 Stuttgart 1952 Piscator S.265 "Das Muster einer solchen Kamera hatte Barnack bereits vor dem Kriegedem Generaldirektor Mengel von der Ica angeboten"

ずつに許されている露光時間が、短いからだ。このころはまだサイレント映画が主流だが、それでも1秒間に16コマの画像を映す。ということは撮影の時も1コマ16分の1秒で撮らなくてはいけない。

当時はフィルム感度も低い。スタジオなら照明のほうでカバーできるが、屋外で採光条件がワルイところだと、レンズの明るさだけがタヨリなのだ。

メンゲルに断られて、バルナックはハラを決めた。ライツ一世に、会いに行ったのだ。

# 第3章 ライツ社での再スタート

## ライツ社に入社

面接して、ライツ一世はバルナックの人柄が気に入ったらしい。ぜひ来てくれということになる。そして、すごい優遇条件を出す。

ツァイスに在職しているあいだは、健康保険組合に入るのを断られてた。ゼンソクのせいだ。でもライツでは、保険組合に入ってOKという。おまけに会社の近くの、日当たりのいい、風が吹きつけない場所に、家まで買ってくれた。

もうこうなると逃げられない。1911年1月2日付で、バルナックはライツ社に入社する。ランペ親方にも知らせて、ナットクしてもらう。

肩書は顕微鏡の研究部門のチーフだ。ツァイスにいたころはカメラ製造部門にいたし、最初のランペ親方のときは小型プラネタリウム、あとが計算機だから、顕微鏡関係はまったくの初体験だ。

最初に担当したのは、顕微鏡のレンズをみがくダイヤモンドの研磨機の製造だった。給料はツァイス時代より多くなっている。環境がいいし、カネも余裕ができたので、単身赴任だったのをやめて、家族をウエッツラーに呼んだ。これで妻のエマ、娘のハネレ、息子のコンラートの一家四人ぐらしになった。

勤め始めて少し経つと、週末に写真を撮りに山歩きするようになった。ツァイスのときはチューリンゲンの山岳地帯が近くだったが、ウエッツラー近郊にも山がある。

持って歩くのは、あいかわらず13×18の大型カメラに乾板を詰めたカセッテ一式、ケース込で12キロもあるシロモノだ。さっき言った小型カメラも、サブカメラとして持って行っただろうが、作品は大型カメラで撮っていたのだろう。

そのうちにとうとう体調を悪くして、入社早々で休暇を取って、ザルツンゲンの温泉でしばらく療養する。

会社に帰ると、別に文句も言われずに、そのまま仕事を続けた。

## 映画カメラ製作

そのうち、彼をライツへ引っ張ったメシャウが、1912年にプロジェクターを完成させる。さっそくテストしたいのだが、フィルムがない。当時は映画館でもポジを1本配給されているだけで、外へ貸し出す余裕なんかない。

そこで社内で撮影して、映写用のポジを作ろうということになったが、こんどは撮影カメラがない。市販のものはあるけれど、ネダンがすごく高い。その上に木製で精度が低い。

金属製の映画カメラ作ってやるよ、とバルナックはメシャウに言う。社主のライツのOKをもらったので、バルナックはさっそく全金属製の映画カメラを作る。これはいまでもライカ博物館に残っている。

❻——ウア・ライカで撮影したとされるバルナックの家族写真。娘のハンナと息子のコンラート。©WestLicht-Auction

このカメラをでっかい三脚に乗せて、バルナック自身がカメラマンになって撮りまくる。

結婚式、新発明のガソリンエンジンの自動車、お祭り、ラーン河の氷結。

ちょうどそのころ、ツェッペリーン伯爵の飛行船が試験飛行して、ウエツラーの近くのフランクフルトに来たが、この飛行船のゴンドラから降りてきたセレブたちの様子も、バルナックが撮影している。

でもこういう映写用のフィルムを作ったことが、ライカの誕生にすごく密接に関係してるのだ。

撮影した映画フィルムは、とうぜん長尺だ。撮影のときの露光条件とか、注意はしてるけれど、オーバーだったりアンダーだったりする。露光計なんか、まだこの世に生まれていないから、シカタがない。

だからそれに合うように、現像条件を加減してアガリを均一にしなくちゃならない。でも長尺のヤツを、途中で現像の進行を見ながら、アガリを加減することなど、とてもできない。暗室の薄暗い照明の中で、そんなことができるハズがない。

ここでバルナックが使ったのが、メンゲルに拒否された小型カメラだ。

映画を撮るとき、これで同じ場面のスチル写真を何カットか撮っとく。これを現像すると、その場面の露光がオーバーかアンダーか、すぐワカルから、それに合わせて長尺のほうの現像時間を決める。

フランスの雑誌社が1970年代にライツ社で取材したときに調べたデータだと、1912年にバルナックがスチル撮影用に使ったこのカメラは、映画用の35ミリフィルムを使って、スピード調整可能のフォーカルプレーンシャッター付きで、レンズはツァイ

❼——ライカの博物館所蔵のバルナック製作の全金属製映画カメラと、ウア・ライカ。
Knut Kühn-Leitz ERNST LEITZ-WEGBEREITER DER LEICA S.27 HEEL VerlagGmbH2006

スの50ミリF3・5のキノテッサーが付いている。

1912年時点で、彼が使っていたこのカメラ、これは彼が1910年にメンゲルに売り込んでいたカメラと、同じものだとしか思いようがない。

## ウア・ライカはいつできた？

要するに、ライカの原型は、少なくとも1910年時点では、完成していたのだ。このへんのことは、あとで引用する彼の回想録でも、ハッキリしている。

1913年にウア・ライカ、つまりライカの原型ができたことになっているが、どうして1913年というハナシになっているか。

これにはチャンとした理由がある。

もちろん1913年の時点では、1910年にメンゲルに売り込んだモデルや、1912年にスチル撮影に使ったモデルには、いろいろ改良がくわえられて、試作品なりの完成品、というのはヘンな言い方だが、そんなものになっていた、とは考えられる。

でもICAの社長に売り込んで製品化を提案したモデルも、かなりの完成度だったに違いない。でなくちゃ、当時のヨーロッパの最大のカメラメーカーICAの社長に、売り込む決心がつくはずがない。

だから、これこそがウア・ライカなのだ。

つまりウア・ライカは、1910年に、あるいはそれよりかなり前に、チャンと完成していたのだ。

すると、なぜウア・ライカが、公称1913年完成なのか。

❽――バルナック製作の全金属製の映画カメラの撮影風景。撮影者はバルナック本人。
©WestLicht-Auction

バルナックは、この試作カメラから、ツァイスの匂いを消したかったのだろう。

ライツ社員のバルナック、その自分が試作したのがウア・ライカで、時点は1913年だ。つまりライツに勤め始めて、2年後だ。つまりライカは、バルナックのライツ勤務時代に、その原型が誕生した、そういうフレコミにしたいのだ。

もしこれを1910年って言っちゃうと、そのとき彼はツァイスからICAに2ヵ月出向しているのだから、まだ彼はツァイス在勤中なのだ。

つまりライツと強い競合関係にあったツァイスでの勤務時代に、バルナックがライカの原型を完成させたってことになるのだ。

そもそも、ウア・ライカ、ライカの原型が、いつの時代にできたか、なんてことが話題になるのは、ライカが発売されて、成功して、マスコミの話題になってからだ。

いまやサクセスストーリーになったライカ。

それが報道されるときに、実は生みの親のバルナックが、このカメラの原型を作ったのは、ライツの商売敵のツァイス勤務時代だ、ってことになると、チョッと困るのだ。

事実、バルナックが頼まれて、いろいろな媒体に書いたものを見ても、ツァイスのツの字も出てこない。チューリンゲンの山とかの地名は出てくるから、読む人が読めばハハンと思うだろうが、ツァイスにもイエナにも、まったく触れたことがないのだ。

その点、すごく用心深い。

それに、ライツで一かどの出世がしたいのなら、商売敵のニオイは出さないほうがいいに決まってるし、なにかと世話になってる社主のライツへの遠慮もある、そういう保身感覚は、敏感な彼のことだから、じゅうぶん持っていたハズだ。

ウア・ライカができたのが、1913年であろうが、ほかの年であろうが、それはバルナックがライツ社の正式のシゴト以外にやってたことで、ライツ社には関係ない。

１９１４年になると、第一次大戦が始まって、ゲルツ、ツァイスなどの大手から、ライツ社のような中小レベルの光学会社にまで、軍需関係の注文が大量に来た。そういうときには、企業内で人員配置や担当業務の変更があるのが普通なので、バルナックのシゴトの内容も、少しは変わったハズだが、記録がないので判らない。

ともかく大戦の終わる１９１８年までは、ウア・ライカというオモチャで遊んでいるヒマなどなかったハズだ。

第4章

# ライカの花道

## 画面サイズの決定

バルナックは1931年の回想で書いている。

「このモデルは何年も使って、それで撮った写真もたくさん残っている。でもこのモデルを改良する作業はしばらく棚上げになった。第一次大戦が始まって、もっと大事な仕事が来たからだ」

これで見ると、1914年より前の「何年ものあいだ」、彼は「このモデル」を使って写真を撮っていた、ということだから、1913年以前に、「このモデル」が存在していて、実際の撮影に使えるものだったことはハッキリしている。「このモデル」は、彼の回想録では、フォーカルプレーンシャッターのスリット幅が調整できなくて、40ミリに固定されていたこと、スプリングのテンションは何種類か選べたこと（だから500分の1秒まで出せた）、日中装填できるカセッテがまだ無かったこと、でもこういう点を除くと、ほかの性能はみな備わっていて、とくにフィルム給送とシャッターチャージが連動してたこと、などが書かれている。

この回想録は、Die Leicaという雑誌に出たもので、雑誌を出していたのは、クルト・エマーマン（Curt Emmermann）だ。エマーマンは１９２０年代から１９３０年代にかけて活躍したフォトジャーナリストで、ライカ関係の本をいくつか書いて、売れ行きがよかったので、１９３１年にDie Leicaという雑誌を創刊している。日本の堀江宏が１９３４年から出していた「月刊ライカ」という雑誌にも、エマーマンが寄稿しているナンバーがある。

１９１８年に第一次大戦が終わると、バルナックはまた彼のオモチャを引っ張り出して改良を進めて、１９２３〜２４年頃には30台の試作品を作る。番号が１０１から１３０までで、あとでヌル・ゼーリエつまりゼロ・シリーズという名前がつく。

ライカは今では24×36ミリの画面サイズだが、この画面サイズをバルナックが考えたのは、彼が困ったからだ。

何に困ったのか。

撮影した長尺のシネフィルムを現像するときに、同時に撮っておいたスチル写真を現像して、それの現像時間にワトキンズ係数を掛けて、長尺の現像時間を計算する。ワトキンズ係数は、乳剤の種類によって違う値なのだ。

この手順には問題ないのだが、暗室の赤いランプの下で画像の出方を見るときに、18×24ミリだと小さすぎて、画像のディテールの出かたがよく見えないのだ。これが困った原因だ。

そこでネガ画面を大きく伸ばすことを考えた。でも映画用フィルムは幅が決まっているから、幅方向に伸ばすワケには行かない。そこで長さ方向に伸ばした。ちょうど二コマ分使うと、24ミリ×36ミリ、２対３の画面になる。これはほとんど即断で決めた結果で、いろいろ考えた結果じゃないとバルナック自身が言っている。

ということは、彼の言ってる「このモデル」のカメラは、ある時点まで18×24ミリ画面、それから後が24×36ミリになったということだ。同時に、このサイズが変わった時点で、「このモデル」の用途について、彼の考えが変わったのだ。

「このモデル」は、もともと長尺フィルムの現像時間の計算道具だった。そのネガから印画紙に引き伸ばして写真を作る道具、つまりカメラではなかった。また18×24ミリのネガからの引き伸ばしだと、さっきも言ったように画像が荒れて、写真としてはダメだ。でも24×36ミリに変えてみると、ハガキのサイズに伸ばしても、十分に見れるシャシンになった。

つまり「このモデル」を、実用に耐えるカメラとして使う方向に、考えが切り替わったのだ。

## 新レンズ「エルマー」誕生

さて、カメラに使うことになると、レンズに問題が起こる。

それまで使っていたキノテッサーは、さっきも言ったようにシネカメラ用だから、18×24ミリの画面にはぴったりのイメージサークルだ。ライカの母型が18×24ミリ画面だったと思われる理由は、ココにある。モチロン24×36ミリになると、周辺が足りない。

バルナックは24×36ミリの画面の対角線、43・3ミリをカバーするイメージサークルのレンズをライツ社のカタログの中からイロイロ探し出して、これを使うことにした。

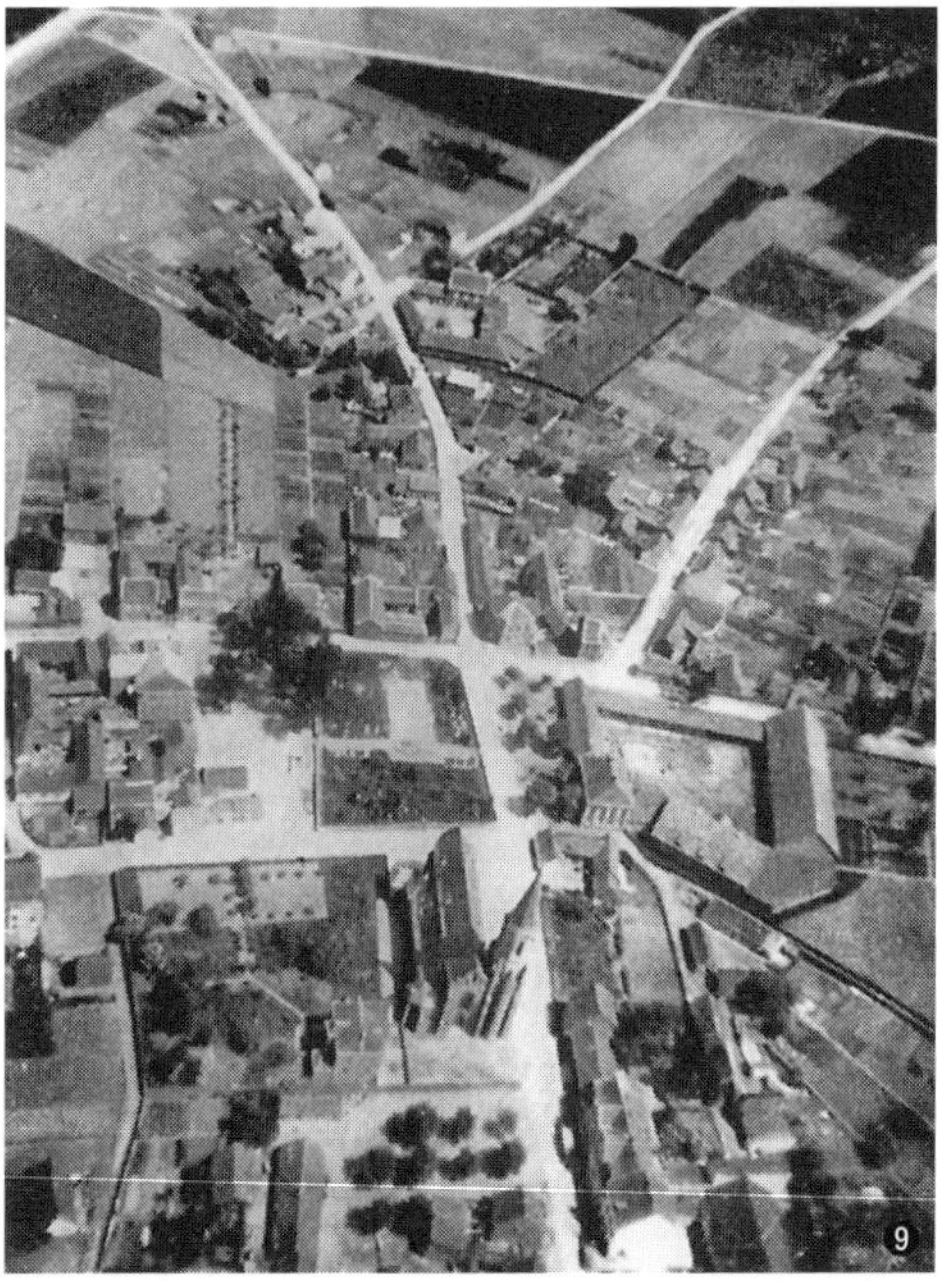

❾――ウア・ライカにキノテッサーを装着して撮影されたと推定される写真。イメージサークルの問題か、画面周辺部分の描写に難がある。1913年、ツェッペリン飛行船からの撮影。（中川一夫『ライカ物語』154頁、朝日ソノラマ、1997）

ミラー（Milar）42ミリF4・5や、マイクロズマー（MicroSummar）の42ミリ、少し焦点の長いマイクロズマー64ミリF4・5とかも。まあイロイロ試したようだ。

ライカ博物館にあるウア・ライカには、1914年頃のミラー42ミリが付いている。

ただこのレンズは当時としてもちょっと暗い。暗すぎる。それに、24×36ミリ判に設計されたレンズじゃナイ。あくまで、間に合わせだ。

マタイ書にいわく「新しき葡萄酒は新しき革袋に盛れ」という。ここにきて、革新的なカメラには、それ相応の新レンズが必要となったワケだ。ライカのスローガンである「小さな原版から、大きな写真」には、ゼッタイに必要だ。

バルナックも、そのへんがよーく判っていて、だからライツ社の光学設計者のマクス・ベレーク博士に頼んで、50ミリF3・5のレンズを設計してもらった。

これがライツ・アナスティグマートで、あとでエルマクスに名前が変わり、最後にエルマーになった。ELMAXはErnst Leitzと博士の名前のMaxを取ったものだし、ELMARはお手本にしたTessarに敬意を表して変えたのだ。*2

こうしてでき上がったカメラを持って、バルナックは、週末になると、そのへんの山あるきで、たくさん写真を撮った。

工場の連中に引き伸ばした写真を見せると、みんな画質の良さに、そしてそんなに画質のイイ写真を撮ったカメラの小ささに、ビックリした。

その1台は、社主の息子のライツ二世が1914年6月のニューヨーク旅行に持って行って、たくさん写真を撮っている。

ライツ二世は、ニューヨークで会ったアメリカ人にこのカメラを見せたが、みんな感心したらしい。

*2―ベレーク博士が、いつの時点でLeitz-Anastigmat、後のELMAXの原型を完成していたかは議論の余地があるところだけど、1910年代とするのが妥当なトコだろう。ベレークは、ライツ社に1912年に入社し、第一次大戦（1914〜1918）に従軍しているので、その前なのか、後なのかについては精査が必要だし、初期のライカの開発史においては、その解釈をめぐり大きなポイントとなる。因みにベレークは、1920年に24×36ミリの画角に適応した3群4枚構成、つまりテッサーとよく似たレンズの特許を出願している。このレンズの特徴は、後のエルマーと同じく、レンズの第1群と第2群の間に絞りがあることだ。（ドイツ帝国特許343,086.Kl 42h, Gr.4）

❿――ライカ用レンズの設計に活躍したマックス・ベレーク博士。ライカのスローガンである「小さな原版から、大きな写真」には、優秀なレンズが不可欠であり、ベレーク博士の才能なくしては、ライカの成功はありえなかった。Knut Kühn-Leitz ERNST LEITZ-WEGBEREITER DER LEICA S.43 HEEL VerlagGmbH2006

この時点で、ライツ二世は、そのうちにこのカメラを量産して、製品群に加えるキモチになったのだろう。

また同じ1914年の6月11日付で、社主のライツ一世は、このカメラを「バルナック・コビト・カメラ」(Barnack Liliput Kamera) という名称で、特許申請している。だからライツ父子は二人とも、このカメラの商品化に、かなりキモチが傾いていたということだ。

ベレークが開発したレンズの焦点距離が50ミリだったのも、ちゃんと理由がある。カメラのレンズをニンゲンの目に見立てたのだ。

人間の眼は1分まで解像する。余裕を見て、これを2分までと考える。

2分の角を挟む扇型の両端の線を延長していって、そのころの映画用フィルムの感光乳剤の結晶の直径、つまり30分の1ミリを弦として抱え込むところで止まる。するとその止まった場所が、中心から測って50ミリになるのだ。

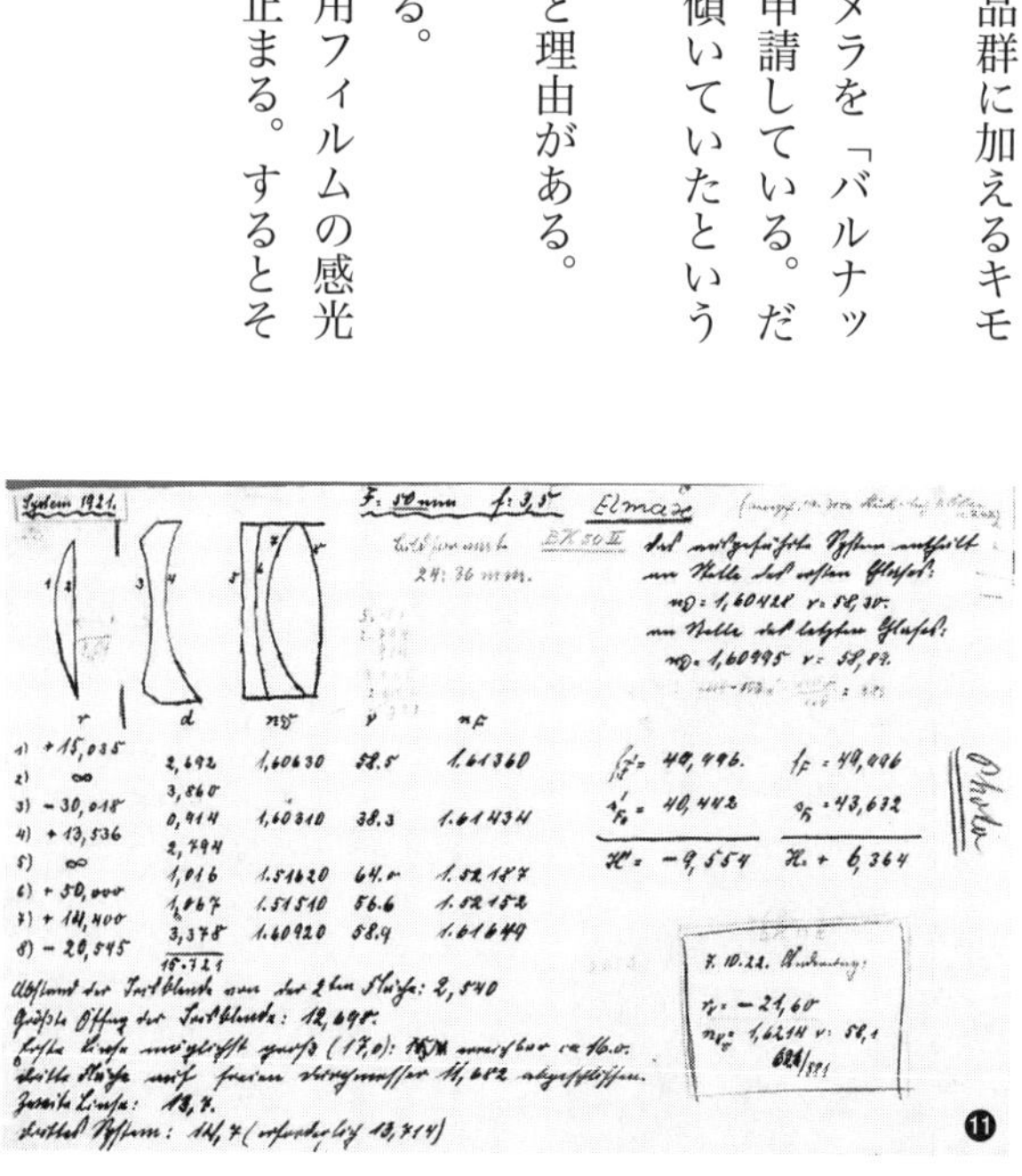


⓫

⓫——ベレーク博士の描いたエルマックスの図面。最後群のレンズが3枚貼り合せになっている点に注目。1921年の日付けがある。

Knut Kühn-Leitz ERNST LEITZ-WEGBEREITER DER LEICA S.43 HEEL VerlagGmbH2006

# 第5章 ライカの発売

## ライカ製造でリストラ回避

ところで1918年に終わった第一次大戦では、ドイツが敗戦国だが、1919年のベルサイユ条約で決まったドイツの賠償金は、40兆円を超える膨大なものだった。

ドイツの国家財政は、破産状態になる。これが引き金になって、通貨の価値が下落して大インフレーションが起こり、そのピークが、1923年9月に来た。毎日ゼロがひとつ増えてゆくのだ。

26歳の男子工員の週給が、24兆6000億マルクなのだ。給料をもらうと、でかいカバンに札束を詰めて、走って買い出しに行く。ゆっくり歩いてゆくと、そのあいだに値上がりするのだ。

でもこのインフレ時代は、経済活動は盛んで、特に貴金属とかクルマ、時計、カメラなどのキカイモノ関係、つまり置いといても腐らないようなモノを作る会社は、すごく景気がよかった。収入があると、消費者は、すぐにモノに換えて貯めて置くのだ。

1923年11月に、シャハト（Schacht）がレンテンマルクを発行する。そしてさしもの大インフレが、ピタリと収まった。

　ところがインフレが終息したけど、産業界には大不況が来た。消費者はそれまで、インフレヘッジのために、使いもしないモノを大量に買っていたが、インフレが終息すると、ヘッジの必要がなくなってモノを買わなくなる。

　そこでいろいろの会社が破綻した。

　ライツ社でも、とうぜんこのアオリが来て、かなりの人数をリストラしないと、アブナイとこまで来た。

　そこで役員が会議を開いて、対策を検討する。ここで浮かび上がって来たのが、バルナックのコビトカメラで、これを製造する部門をスタートさせれば、リストラは避けられる。

　ほとんどの役員は、このコビトカメラプロジェクトに反対したが、そのときに社主になっていたエルンスト・ライツ二世の決断で、このカメラの量産が決まった。１９２４年のことだ。

　ライツ社の元の工場の管理棟の礎石には、「ここでエルンスト・ライツ二世が、オス

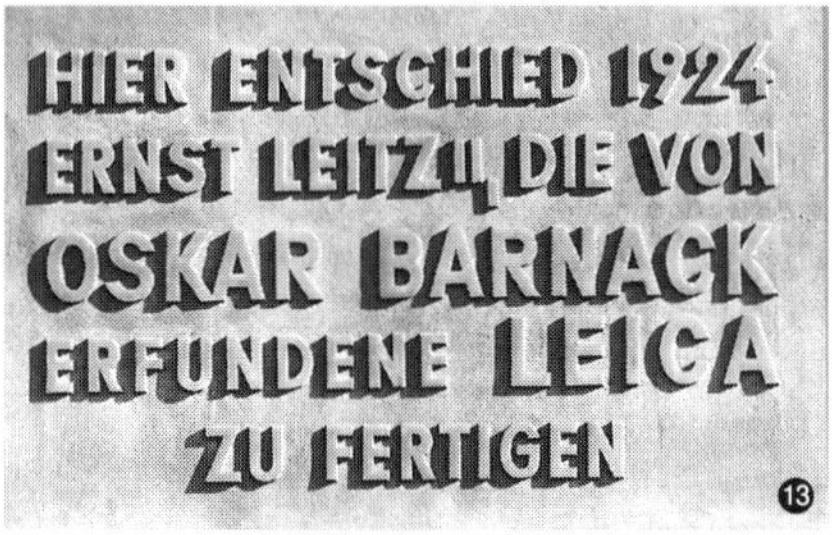


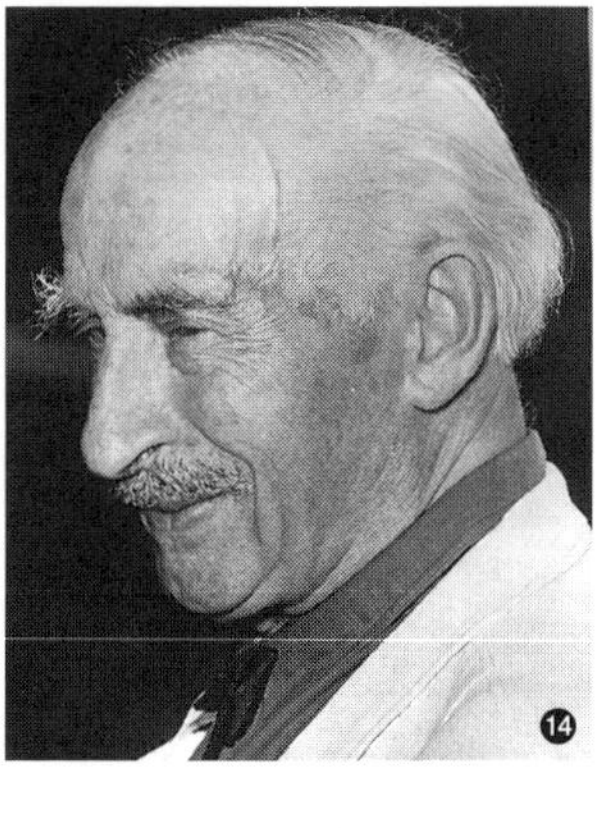

⑫——旧、ライツ社の工場管理棟。ここで、ライカ発売が決定された。Knut Kühn-Leitz ERNST LEITZ-WEGBEREITER DER LEICA S.31 HEEL VerlagGmbH2006

⑬——ライツ社の元の管理棟礎石にある碑文「ここでエルンスト・ライツ二世が、オスカー・バルナックが開発したライカを製造することを１９２４年に決定した」とある。Knut Kühn-Leitz ERNST LEITZ-EGBEREITER DER LEICA S.31 HEEL VerlagGmbH 2006

⑭——エルンスト・ライツ二世。ドイツ光学産業界が、いまだインフレの余波と大不況で苦しむ中、人員削減ではなく、新製品の開発と発売で難局を乗り切るという「経営者として、最大級の決断」を下し、バルナックのカメラを世に送り出し、成功した。Knut Kühn-Leitz ERNST LEITZ-EGBEREITER DER LEICA S.151 HEEL Verlag GmbH2006

カー・バルナックが開発したライカを製造することを1924年に決定した」と彫られている。

こういうとリストラ回避のためだけに、バルナックのカメラの製品化が決まったみたいな印象を受けるかもしれないが、さっきも言ったみたいに、1914年のニューヨーク旅行に持っていってアメリカの業界の反応をチェックしたり、おなじ1914年に特許を申請したりしてるのだから、その1914年の時点で、製品化しようというハラは、だいたい決まっていたと考えていい。

同じ1914年に第一次大戦が始まって、軍需関係が非常に忙しくなった。それと戦後のインフレ時代はむやみに景気がよくて、手持ち製品のフル稼働生産で忙しかった。この二つの理由で、新製品の製品化ドコロじゃなかったのだ。

ところがインフレが終わって不況が来ると、対策が必要になる。リストラの案も出たけれども、これを新製品ライカの発売で回避しようとした。不況を積極策で乗り切ろうとしたのだ。そう見るのが妥当だろう。

事実、1923年6月23日には、ヌル・ライカの設計図が描かれ"KleinFilmKamera"製造計画は、着々と進んでいたのだ。

だから、ライツ二世の決断はオーナー社長の思いつきや、ワガママみたいなもんじゃナイ。最高経営責任者として、ちゃんと根拠あっての、まさしく英断なのだ。

## 見本市で大反響

完成したライカは、1925年のライプツィヒの春の見本市に展示されて、すごい評判になった。

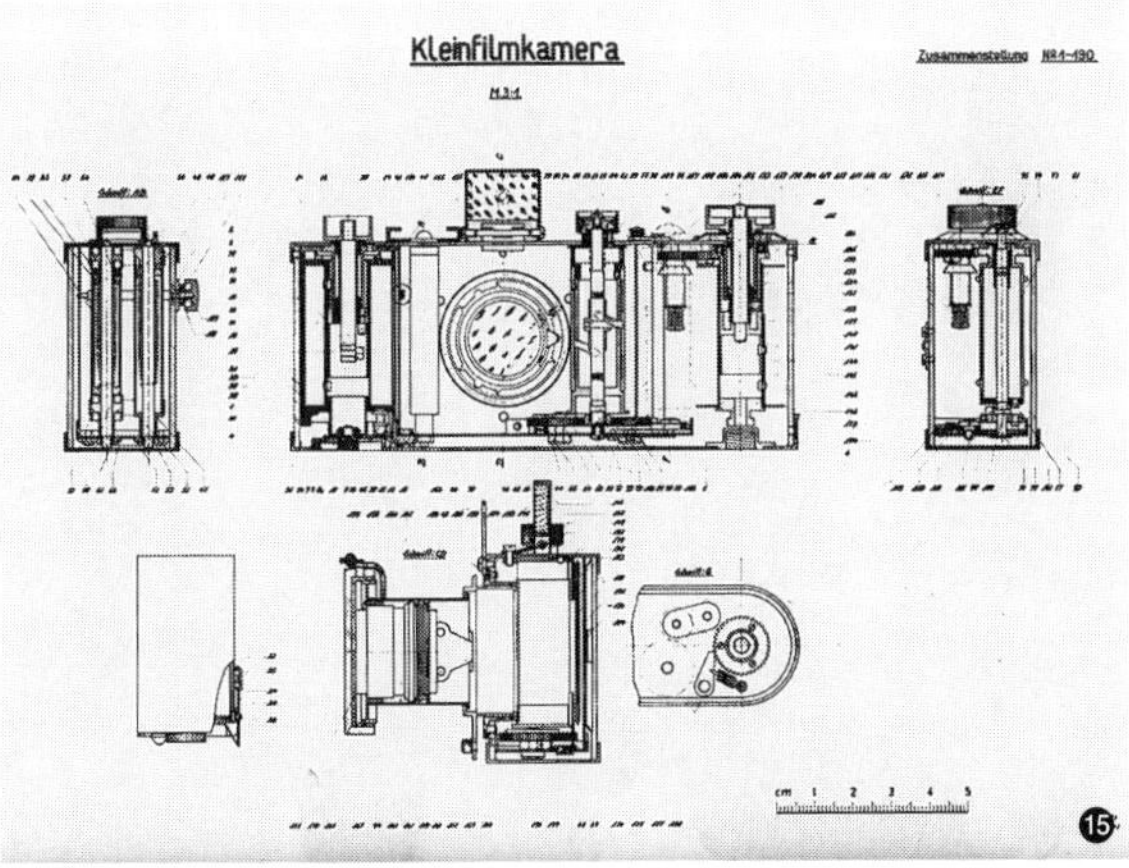


⑮——0型ライカの設計図面。1923年6月23日の日付けがある。まだ「ライカ」の名称は無い。機械工出身のバルナックは図面が引けなかった。(ジャンニ・ログリアッチ『ライカの70年』38頁、藤岡啓介訳・田中長徳監訳、アルファベータ、1996)

こんな小さいカメラを、だれも見たことがないのだ。それまでの蛇腹式の大きなカメラを見慣れたニンゲンにとっては、こんなモンで写真が写るのか、というのが平均的な感想だった。

発売された後でも、ライカを首から下げて歩いてるときに、大きいカメラを下げてる人から、そんな小さなカメラで写真が撮れるのですか、と聞かれたのは、1人や2人の経験じゃない。超初期のライカユーザーすべての、共通の経験だっただろう。

とにかくこの1925年春のライプツィヒ見本市を報道したカメラ業界媒体は、このライカというカメラに好意的で、各社とも、大絶賛と言える記事を書いた。

当時の記事を要約すると、次の通りだ。

1．映画フィルム1・7メートルを詰めて、24×36ミリのネガが40枚撮れる（これはあとで36枚になった。フィルムが引っ掛かって詰まる心配があったからだ）。こんなにたくさん撮れてスゴイ。

2．シャッターはフォーカルプレーンで、スピードを合わせるのがカンタンで便利。

3．逆ニュートン式のファインダーが組み込みになっているのは便利。

4．アクセサリーで距離計が提供されている（距離計は1916年にコダックが発売してるから、距離計そのものは新しくデビューした製品じゃない）。これを使うとピッタリとピントが合ってイイ写真が撮れる。

ライプツィヒ・メッセ、つまり見本市は、非常に権威のあるもので、世界でいちばん古い見本市なのだ。何しろ1190年、12世紀にスタートしているのだ。

ライプツィヒというのは、ザクセン州にあって、州都ドレスデンを抜く50万人あまりの人口の大都会だ。ベルリンにも近い。

このメッセは、神聖ローマ帝国皇帝マクシミリアン一世が勅許で庇護したので、ヨーロッパで、ということは当時の世界中で最高の権威があった。

もともとは現物を売り買いする市で、メッセ（Messe）というコトバも、そういう市を意味していた。

ところが1895年から、見本を見せるだけの市、つまり見本市に変わった。同時にメッセというコトバも見本市という意味になった。

見本だけになったのは、まだ量産化していない先端技術商品を展示するための便宜を図ったらしい。またここでの評判によって、製品化の可否を決めるテスト会場の機能をあたえる方針もあったらしい。

ライカがデビューした1925年は、このメッセがスタートしてから735年経った年だ。

なにしろ700年以上の伝統のメッセだから、出品商品や会社の審査も厳重を極める。ヘンなものを展示すると、メッセの伝統と名声にキズがつくからだ。

1925年の春のライプツィヒのメッセに展示できたということは、それだけでライツ社が一流の会社であり、展示商品がシッカリしたものであることの証拠なのだ。このメッセ出品でデビューを飾って、しかもいい評判をもらったというのは、新製品にとっては最高のスタートで、前途の成功は約束された、といっていい。

## 製品名の紆余曲折

ところで、カメラは1924年のクリスマスからドイツ国内では販売してたが、名前はまだライカじゃない。ライツ・バルナック・カメラという1924年11月の広告が残っていて、最初はこの名前だった。広告のコピーを見ると、圧倒的に携帯性がいい、カンタンに撮影できる、すごくピントがシャープ、優秀なフォーカルプレーン、などと一緒に、40枚撮り、となっているから、このころはさっきの記事どおり、まだ40枚撮りなのだ。

おなじ1924年の11月には、カール・コッホ(Karl Koch)を使って、宣伝ポスターを作る。右手でカメラを持って、左手でコレです、と指さしてるトコだ。

カール・コッホというのは、ドイツ生まれの作家兼映画監督で、ジャン・ルノワールのアシスタントをやっていた。「大いなる幻影」とかは、ルノワール・コッホ組の傑作だ。ただしなぜか、コッホの名前はクレジットされていない。

ちなみにコッホは第一次大戦中に砲兵隊に配属されていて、彼が指揮官だった班の撃った弾丸が、ルノワールの乗ってた飛行機に命中したというハナシがある。

ライカのポスターにコッホが使われたのは、そのころ彼が映画人として有名だったからだろう。

どこの国でも、ライカを使いだしたのは映画人で、たぶん映画フィルムを使って撮るという理由からだろうが、日本では衣笠貞之助、小津安二郎、五所平之助などはライカ

⑯——1924年11月、ライカの発売当初の広告。まだ、ライツ・バルナック・カメラという名前で、のちに有名になるライカという商品名はついていなかったのがわかる。

⑰——ライカの発売当初、辣腕を発揮したカール・コッホ。ライカA型を指さしている。乾板に1924年11月18日の日付けがある。Prestige de la Photographie.1 Le Leica p56 première parte Éditions e.p.a. Boulogne 1978

イストとして有名だった。

また映画俳優の山内光（本名が岡田桑三で、名取洋之助などと一緒に、1933年の日本工房の立ち上げに関係した。木村伊兵衛などは、そのときの若手だ）が、ベルリンの帰りにモスクワで降りて、モスフィルムで友達のエイゼンシュテインに会って、ベルリンで買ったライカを見せて自慢したら、オレも持ってるぞ、とエイゼンシュテインが自分のを持ってきた。そこへプドフキンが通りかかって、何だ、ライカか、オレも持ってる、と部屋から出してきたらしい。

ともかく、1924年11月にはライツ・バルナック・カメラという広告だったが、1925年の1月になると、レカLecaという名前の広告になる。

でもおなじ時期に、クラウスKraussからエカEkaというカメラが出ていて、これと紛らわしい。そこでこれもやめる。

クラウスというのは、ドイツではペギーを出していたし、フランスではツァイスのライセンスで、テッサーを作っていた会社だ。

もともとは流通業者で、ドイツのシュトゥットガルトの目抜き通りに、立派な本店がある。ここはライカと縁のある店で、ある発明家がオートフォーカスの引伸機の特許を、製品化してくれと言って持ち込んだ会社だ。クラウスは自分のトコではそこまで手が回らないと返事して、ライツ社を紹介した。それがライツ社で製品化されたのが、フォコマートだ。

シュトゥットガルトは、むかしはヴュルテンベルク王国の首都で、王が産業の振興に熱心だったから、ドイツの軽工業の中心になった。だからダイムラー・ベンツ社の本社も郊外にあるし、ローベルト・ボッシュ社の本社もある。

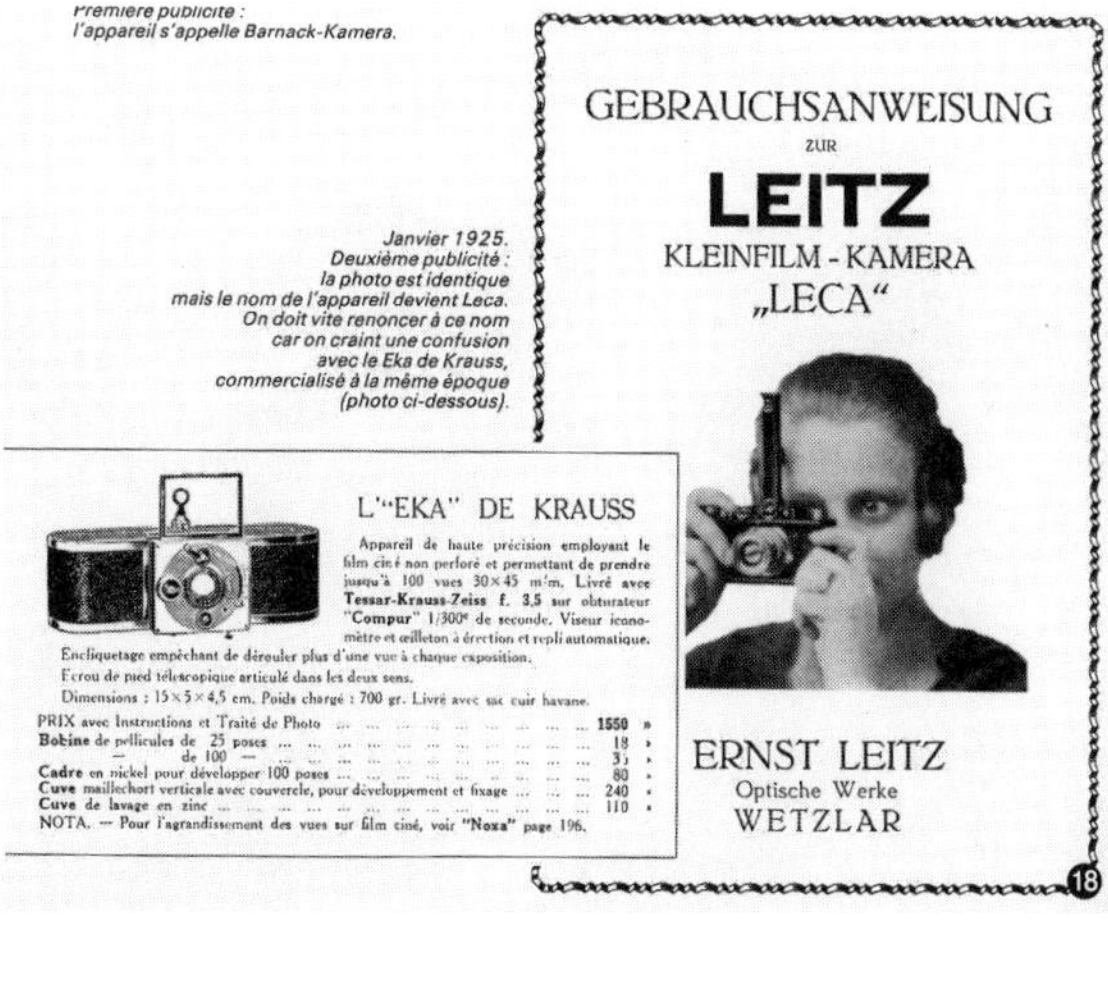


⑱——"LECA"という広告（1925年1月）と、同時期にクラウスから売り出された"EKA"の広告。レカとエカ、まぎらわしい。

北のドレスデンは中世から指物師が多い所で、カメラが木製のころはカメラメーカーがドレスデンに集中していたが、シュトゥットガルトは、軽工業メーカーにパーツを収める金属加工業者とかのインフラが充実しているので、カメラが金属製部品を多用する時代になると、ここを根城にするメーカーが多かった。

コンテッサ社、ネッテル社、のちのドイツ・コダック社などは、みなこの街のちかくに在ったし、第二次大戦後のツァイス・イコン社が、ここへ本社を置いたのも、その理由からだ。

## ライカの広告戦略

ハナシを戻すと、1925年1月にLecaの名前で広告を出して、ほんの何ヵ月か経ったあと、おなじ1925年のうちに、やっとライカという名前の広告が出る。最初のライツ・バルナック・カメラも、エカも、ライカも、イラストはみな同じシャシンで、距離計をエントツみたいに立てたライカを、女性が構えてるトコだ。

1925年になると、広告のトーンが変わってきて、機能の説明コピーが中心になる。イラストはライカの正面のスケッチだけ。モデルが構えてるトコはない。

「ライツのライカ・カメラは写真の革命」というキャッチコピーで、ボディーコピーには、

・いちばん小型のフォーカルプレーンカメラ。アナスチグマートF3・5付き。
・小型ネガに撮影して大きい写真ができる。
・映画フィルムを使うのでフィルムが安上がり。
・小型カメラなのに、マガジン交換なしに36カットも連続撮影できる。

・シャッターチャージと同時にフィルムを送るので二重露光の心配なし。
・新発売ライカ引伸機でどんなサイズのプリントにも簡単迅速に引き伸ばし可能。
・ライカ幻灯機にポジを入れて壁に映写可能。
カタログ1507番を無料でご送付申し上げます。
エルンスト・ライツ光学工場・ウエツラー
有名写真機店で展示中

映画フィルムを使うからフィルム代が安いというのは、ほかの感光材料とくらべると安いということだ。古いカメラだと乾板やフィルムパック、新しいカメラならブローニサイズの6×9の裏紙つきロールフィルムが主流だが、みな映画フィルムと比べて、結構ネダンが高かった。

この広告の出た1925年の中ごろには、もう40枚撮りをやめて、36枚撮りになっていたことが判る。

1924年の末から1925年のなかごろまで、カメラの名前が3度も変わっているのだから、広告を見るほうも、かなりマゴついて混乱しただろうし、それぞれ別のカメラだと思ったヤツもいただろう。

こんなにアワテたショーバイをやるのは、最初は売れるか、売れないか戦々恐々としてたけど、1925年の春のライプツィヒ見本市の大成功を、なんとかホトボリの冷めないうちに、次のステップへ繋げようとして、ライツ社がすごく焦っていたからに違いない。

いま見た二つの広告の最後のは、商品をチャンと説明してる。

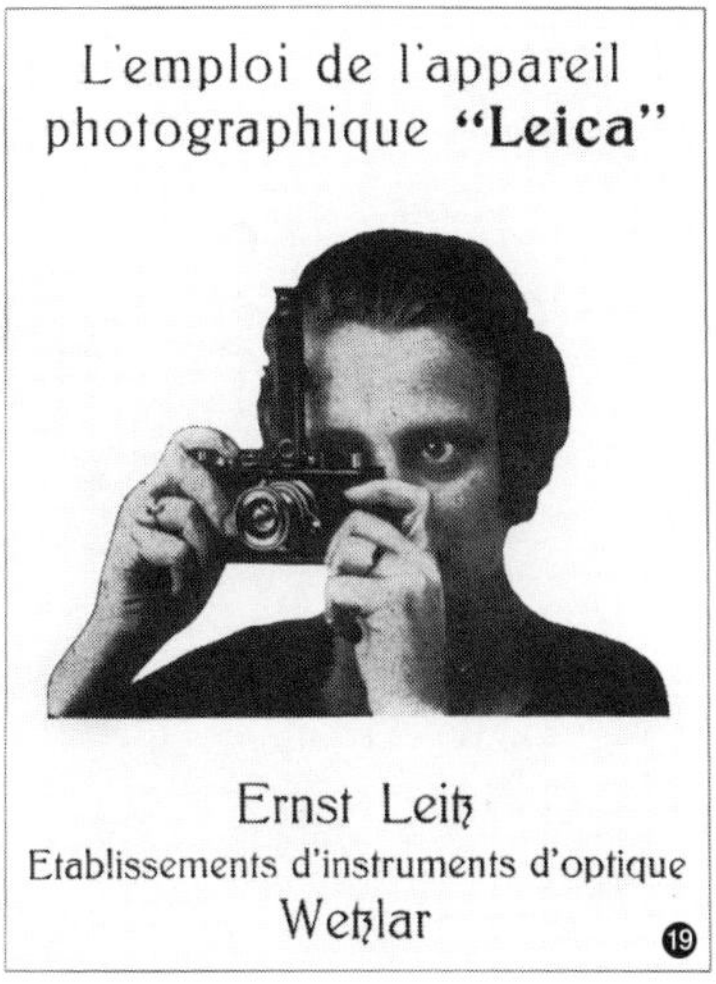

⑲——1925年、最初に“Leica”の名前が出た広告。（フランス語版）
⑳——1925年、「ライツのライカ・カメラは写真の革命」というキャッチコピーの広告。

本格派だが、ここで言ってるポイントの中で、特に訴求力が大きいのは、映画用フィルムを使うのでフィルム代が安いというのと、一度フィルムを詰めたら36カット撮るまで詰めかえが不要というのと、この2点だろう。

フィルム代の安さはワカリ易い利点だし、詰め替えの手間が省けるのもワカリ易い。

そのころのカメラだと、乾板やフィルムパックは1枚ずつの詰め替えだし、ロールフィルムでも8カットとか撮ると詰め替えが必要だった。

35ミリ幅のフィルムには、映画用のパーフォレーションを付けたものと、孔が開いてないものがあるが、そのどちらかを使ったカメラは、ライカ以前に27種類もあった。

いちばん古いのが1908年のジェオ（Lleo）、いちばん新しいのが1925年3月に出たアムレッテ（Amourette）で、これはライカのライプツィヒ見本市の本格デビューより、タッタ一月はやいだけだ。このあたりのことは別の本でかなり詳しく書いたからここでは書かないが、このライカの先輩にはドイツ製（アムレッテはオーストリア製）も多くて、その中で発売年度がいちばんライカに近いのは、1923年のエスコ（Esco）だろう。

これはニュルンベルクの、オットー・ザイシャープという無名のメーカーの製品で、400枚撮りというから、ライカ・レポーターみたいなカメラだった。

でもそういう先輩カメラには、商業的に成功したものはなかったし、なによりデザインがカッコ悪かった。ライカみたいにルックスのいいカメラは、ライカが初めてなのである。

㉑——ルートビッヒ・ホルバインが描いたライカのイメージ広告。（1926年）

ライツ社の広報は、ルートビッヒ・ホルバイン（Ludwig Hohlwein）にライカを使うユーザーの姿を描かせたイメージ広告を出したり、内部構造を透視した広告を出して精密な高級品というイメージを前面に押し出していた。

そう、イメージ！　イメージは大切だ。あとで触れるが、このことはカメラに、いや、消費者用の製品の全体について、ミカケがいかに重要か、ということを示している。どれだけ性能が良くても、ブサイクな製品は、消費者用である限り、ダメなのである。

時計、ライター、カメラ、クルマ、そのどれをとっても、持っているニンゲンの自己表現の手段という面があるから、美的感覚のレベル、趣味の程度を疑われるようなモノは、売れないのである。

あと、おもしろいのが当時のライツは風刺マンガのような広告もいくつか出していて、小型・軽量・操作性の良さ、つまりそれまでの大型カメラとの比較広告もやっている。これはナカナカ味があって、いま見ていてもニヤリとさせられて面白い。

## 現像・引伸の新方式

こうやって広告は積極的にやっていたが、ライカのデビュー時期には、いろいろ問題も多かった。ライカを買った人は、ハイエンドアマチュアが中心だが、35ミリフィルムを自分の暗室で処理するのは、裏紙付きのロールフィ

㉒――ライカA型の内部構造を示した広告。シンプルで合理的な構造となっているのが判る。これも、見るものに精密感や高級感をイメージさせるための広告だ。

㉓――ライカの風刺マンガ的広告。それまでの大型カメラを揶揄し、小型、軽量なライカの特徴を強調している。

ルムとは、まったく勝手が違う。だいいち慣れてない。

だからライカを買った店で、フィルムをマガジンに入れてもらって、撮影が終わると、その店にマガジンを持ち込んで現像してもらう。同時に新しいフィルムをマガジンに装塡してもらう。

ところが店のほうが、この現像や引伸に対応できないのだ。

裏紙付きのロールフィルムや乾板とかの場合は大丈夫なのだが、35ミリフィルムには、まったく慣れてない。それに加えて、そのころの標準現像液だと強すぎて、粒子が荒れてしまう。

また悪いことに、そのころの店で普通に使ってた引伸機が、ランプの下に直接コンデンサーレンズを置いたタイプで、散光式じゃない。すると現像液で荒れた粒子がよけい目立って、いいプリントが上がらないのだ。

そこでライツ社では、ライカ・ユーザーが自宅の暗室を使うようにアドバイスして、「ライカで最高の結果を得るにはどうするか」というパンフレットを出した。その中で言ってることは、こんなことだ。

まず現像タンクを勧めている。現像用のバットを使って、これまでのフィルムみたいに手現像でやると、バットの底に乳剤面が接触して、キズや現像ムラができる。だから、ライツ社が出してる現像タンクを使えという。

これは心棒から放射状に、カタカナのコの字のような、ちょうどホッチキスの針みたいな四角い枠がたくさん出ている。針の足先、コの字の横棒が、心棒に突き刺さっているのだ。

このホッチキス針の足、コの字の横棒は、すべて同じ長さにしてあるので、コの字のタテ棒が集まった全体は、ドラム型に見える。そのドラムの外側、つまりコの字のタテ棒の集団に、フィルムをぐるぐる巻きつける。

タテ棒はけっこう長くしてあるから、ドラムも長い。巻きつけたあとの感じは、ゴボウを芯にしてウナギとかアナゴで巻いた八幡巻きみたいな感じだ。この八幡巻きを、タレ、じゃなかった現像液がはいったタンクに漬ける。そして心棒に付いたハンドルをぐるぐる回しながら、現像しろと言う。

現像液もロディナールとかペリナールみたいな、微粒子現像液を使えという。引伸機だって、ランプの下に乳白色のディフューザーを付けた、散光式のものを使えと言っている。

でもライカユーザーがすべて暗室を持っているかと言えば、そうじゃない。中にはライツ社に撮影済みのマガジンを送りつけて、現像引伸をやれと言ってくるユーザーもいる。その作業は別に大した手間じゃないから、ライツ社でも面倒は見るけど、現像引伸が済んだネガにプリント、それからカラのマガジンを送り返す手間、これがたいへんなのだ。現在のパトローネでどれだけ便利になっているか、ふだんは気がつかないけれど、これってスゴイ発明なのだ。

## ライカ用アクセサリー、フィルムも誕生

こういう厄介な問題が起こるので、バルナックは気が弱くなっていた。おまけに息子のコンラートが遠慮なしにワルイことをいう。

「郵便切手みたいなネガで、本格アマチュアが満足するもんか。年に10台も売れたら大成功だよ」

㉔——ドラム型現像機。ガラスドラムの内側にフィルムを巻きつけて使うもの。

でもライツ社はあくまで強気だった。さっき言ったカール・コッホをまた雇って、ドイツ中の販売店に、50×60センチに伸ばしたプリントを持って歩かせた。すごくきれいなプリントだ。これで「郵便切手カメラ」の実力が販売店にも判って来た。

1925年春の見本市のあと、その年の末までに売れた台数は1000台になった。ライカ本体と距離計の合計のネダンは、そのころの平均月収の2ヵ月分にあたるのだから、これはスゴイことなのだ。コッホのセールスが効果を出したのか、1926年に3000台、1927年には6000台が売れ、1928年には1万4000台も売れて、ライツ社のカメラ事業は黒字を計上、工場ではお祝いパーティーを開いたほどだ。

さらに1929年になると、なんと3万9000台も売れてしまった。こんなに高額なカメラとしては、破格の大成功と言っていいだろう。

この成功は業界でも注目のまとになった。これは、それまでの技術集約度の低い暗箱カメラから、技術集約度の高い精密カメラへの第一歩であったと評価してイイ。

ライカ用ということで、いろいろのアクセサリーが発売されたし、フィルムメーカーのペルーツ (Perutz) などは、「ライカ・スペツィアル・フィルム」というブランドで、36枚撮りのパトローネに詰めた、オルトクロマティックのフィルムを発売した。

ペルーツというのは、シニセのフィルム・メーカーで、1880年に創業している。あとになって重化学工業会社バイエルの一部になり、やがてミモザやハウフなどのフィルム会社と一緒に、アグファ・ゲヴァルトに吸収された。

さて、オルトクロマティックとは何か。

モノクロフィルムは、最初は青い光にしか感光性がなかった。古いモノクロ写真を見ると、青空が真っ白に、赤い花が真っ黒に写っているが、青空の青には感光しても、赤い花の赤には感光しなかったのだ。

電磁波には振動数があって、ある領域の振動数をもった電磁波は、ニンゲンの目に見える。それをニンゲンは光と言っているのだ。光は、波長の短いほうからいうと、ムラサキ、藍色、青、ミドリ、キイロ、オレンジ、赤から成り立っている。

太陽の白色光が、水滴などを通過すると、波長ごとに屈折率が違うので、この順番で七色に見える。これが虹の七色だ。

むかしのモノクロ写真の乳剤は、ムラサキ、藍色、青ぐらいまでしか感光しなかった。

この狭い感光性を、だんだん波長の長いほうに延ばしていったのが、モノクロフィルムの発展で、最後になって出たパンクロマティックというのが、赤までの全部の色に感じる。

オルトクロマティックというのは、この感光性を、ミドリにまで延長したもので、それでも大進歩だった。それまでのフィルムだと、木の葉がマックロに写る。それがすこし白っぽく写るようになったのだから、出たときはすごく人気があった。

でもこのオルトだと、まだ赤には感じない。だから暗室では、赤いランプを点けて作業することができた。

ライカ用のフィルムまで出る状況だから、ライツ社も自社製の純正アクセサリーの開発に力を入れる。

でもここで一つ、問題がある。

バルナックは、図面が引けないのだ。

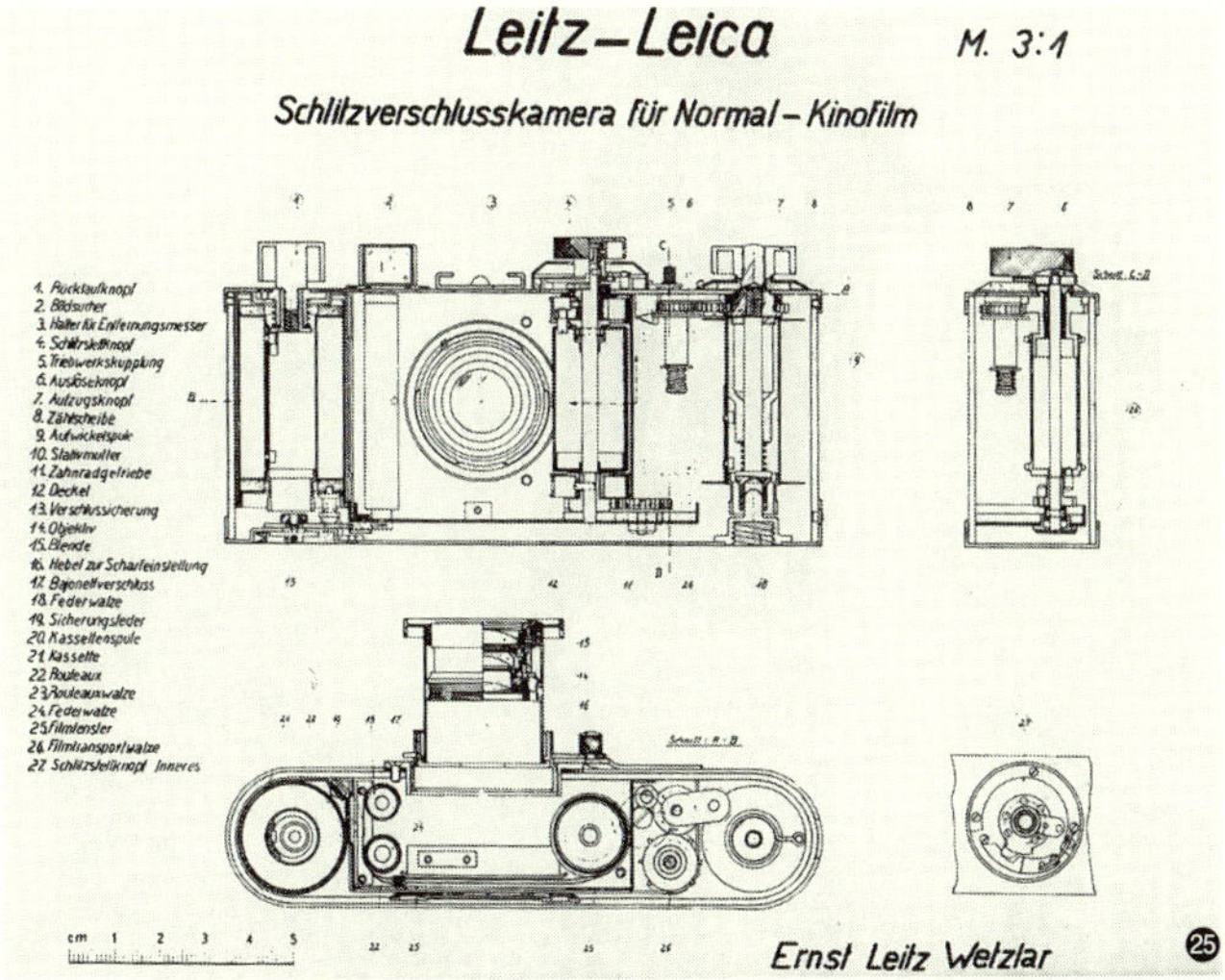


㉕——1929年9月12日の日付があるライツ社で描かれたライカA型の設計図面の1枚。（ジャンニ・ログリアッチ『ライカの70年』44頁、藤岡啓介訳・田中長徳監訳、アルファベータ、1996）

バルナックに限らず、当時の職人というのはみな同じで、自分のアタマにあるモノを、自分で直接に作ってシゴトしている。親方だって、自分が作ったモノを職人に見せて、この通りのモノを何個作れ、と命令しているのだ。

バルナックがライカを作ったときも、図面なんかなかった。でもアクセサリーになると、数も多いから、全部を自分で作ることなんかできない。イチイチ見本を作って、これと同じのを何個作れ、とやることができないのだ。

そこで図面引きの担当が必要になる。

そこでライツ社は、１９３０年代の初め、ツァイス・イコン社から、ヴィルヘルム・アルベルト（Wilhelm Albert）という技師を引っこ抜いてきた。ドイツでは、ちゃんと大学を出て学位を持ったものだけを技師、インジニュール（Ingenieur）という。

このアルベルトをバルナックのアシスタントに付けて、バルナックが口で言ったり、スケッチを描いたりしたものを図面に引かせることにした。

また工場での量産を指導管理する役も必要になる。これにはもともとライツ社にいた技師の、アウグスト・バウアー（August Bauer）という人を起用した。

バルナックとこの二人が、ライカ部門のヘッドスタッフになったわけだ。

引伸機用のネガマスク、反射式ファインダー、雲台、パノラマヘッド、ステレオ撮影装置、フィルター、フード、革ケース、いくらでもアクセサリーの必要は増えてくる。

## ライカI型の発達

こんなアクセサリーが出る一方で、ライカ本体も変わってゆく。ライツ社では、この初期のころのライカをまとめてI型と呼んでいるが、これは後になって新しいタイプが

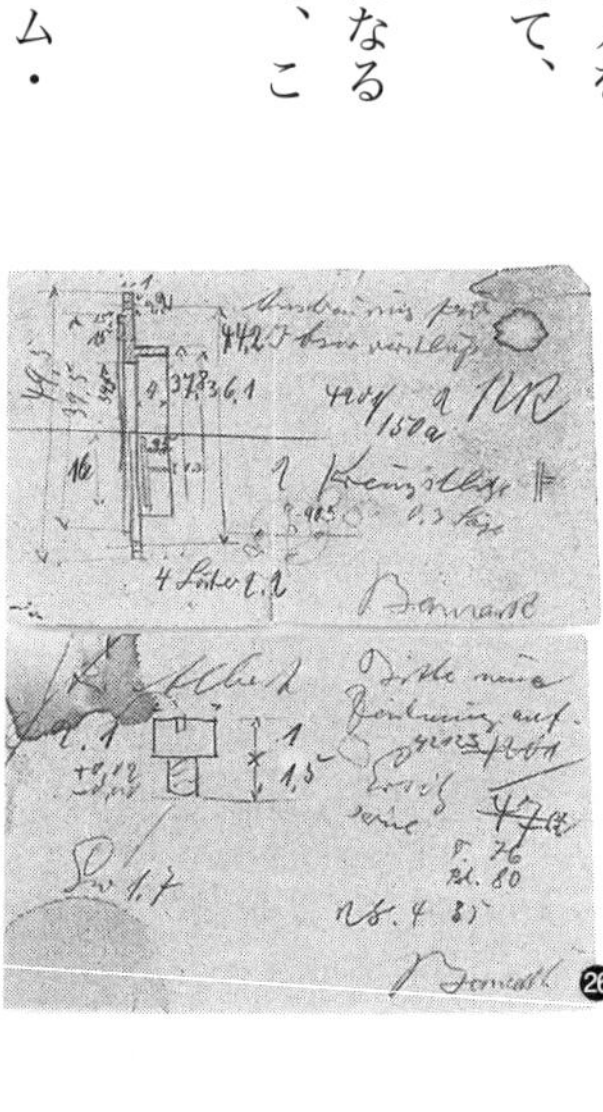

㉖——機械工出身で、設計図が描けなかったバルナックは、このようなメモ書きで、図面の描ける技師（インジュニュール）にライカ開発を指示していた。©WestLicht-Auction

出てきた時に、初期タイプを区別して付けた分類で、初めからあったワケではない。

このI型の中にも3種類ある。アメリカの代理店では、これにA型B型C型という名前を付けているが、ライツ社では全部I型で通している。A型というのは1925年の見本市のあとに正式発売された最初のモデルだ。

B型は1926年に出たモデルで、これはフォーカルプレーンをやめて、コンパーのレンズシャッターが付いている。なんでこんなものが出たか。

別の本にも書いたが、フォーカルプレーンシャッターのゴム引き布膜がくっついて、作動しない事故が多発したからだ。

温度が低すぎても、高すぎても、これが起こる。

ライツ社も困って、結局フォーカルをやめて、レンズシャッターに切り替えた。その一方で、解決策を探しまわった。

とうとうアメリカで、温度感受性の小さいゴム引き布膜を発見して、これを使うことにした。だからこのB型は、1926年から1930年までの期間だけ製造された、わりあい短命なモデルだったが、中古市場では希少品だから、とうぜん高いネダンがつく。

1930年の3月22日に開かれたライプツィヒの春の見本市に、ライツ社は新しいライカを展示する。これが新しいゴム引き布膜のフォーカルプレーンを使ったC型だ。

でも最大の特徴は、そんなことじゃない。

レンズ交換が可能になったのだ。

交換レンズ群はエルマー35ミリF3・5、ヘクトール50ミリF2・5、それからエルマー135ミリF4・5だ。ただし現在の交換レンズみたいに自由に交換ができるワケではない。レンズとボディに番号がついていて、その下三桁が合致したやつでないとダ

㉗——B型ライカ。旧コンパー付き ©West-Licht-Auction

メなのだ。

三種類の焦点距離に合わせられるファインダーも展示された。ABファインダーという名前だが、アルベルトとバルナックのイニシアルを取っている。アルベルトが主役で開発したので、バルナックのBがあとに来てるのだ。

アクセサリーも充実して、ライカ・ビジネスは軌道に乗ってきた。

最初はマガジンにフィルムを詰めるメンドクササ、それをボディに装填する難しさ、などで、いろいろ苦労したみたいだ。でも、というか、それにも拘わらず、だんだんユーザーが増えた。性能の良さが浸透したからだろう。

㉘——英国写真年鑑誌に掲載されたライカC型。最初のレンズ交換式ライカである。

# 第6章 ライカの飛躍

## 連動距離計の付いたII型

しかし、ライカが高級カメラとして、チャンとした性能のものになったのは、1932年に出たII型からだ。

なにしろこのII型には、連動距離計が付いているのだ。これが、どれだけスゴイことか、現代の読者には、想像もつかないだろうが、たいへんな技術革新なのだ。

連動距離計付きのカメラは、アメリカが最初で、名前は1916年に出た3Aオートグラフィック・コダック・スペシアルだ。でも前世紀の爬虫類みたいな、カッコ悪い蛇腹カメラだ。サイズもデカイ。

小型カメラに連動距離計を付けるというのは、ライカが世界最初なのだ。

ライカの初期の広告の写真やイラストで見ると、カメラの上のアクセサリーシューに、距離計のエントツを立てている。これで距離を合わせて、距離計の目盛を読んで、その値を、レンズの根元に刻んである距離目盛に移す。

でもこの距離目盛が、かなりアバウトな刻みだから、だいたいのトコを合わせるしかない。

それからファインダーを覗いて、視野を決めて、シャッターを押す。

こんなコトやってたら、動く被写体ならどっかへ行ってしまう。動かないヤツでも、「ねー、まだー？」とか催促する。

花とかなら、じっと待ってくれるだろうけど、いや、サクラなんかだと、そのあいだに散ってしまうかも。

だから、連動距離計のない時代のライカ使いは、動くヤツを相手にするときは、初めからレンズ側の距離を合わせといて、その距離まで被写体のほうへ歩いていったり、被写体がその距離まで近づくのを待ったりしたのだ。

スナップ専門の連中には、こんな人が多い。

またはレンズの絞りをＦ８ぐらいにすると、被写界深度がすぐ目の前から無限遠まで広がるから、いつもこれで撮る連中もいる。でもこれだと早いシャッターは切れないし、せっかく明るいレンズだって、使ってる意味がない。

バルナックがスゴイのは、この距離計を、カメラの中に収納して、しかもレンズの動きに連動させることを、考え出したトコだ。いや、もっとスゴイのは、距離計を収納しても、カメラのサイズを大きくしない。そういうポリシーを立てて、それを実行したことだ。

それまでのライカでも、上に四角い筒みたいな透視ファインダーが乗ってて、ボディの背の高さは、このファインダーの上の面までだった。この高さを変えないで、距離計を収納できれば、ポリシーはクリアできる。

ポリシーは、このほかにも7条あって、全部を書くと、次のようになる。

㉙

㉙――ライカＤⅡ、最初の距離計連動装置を装備したモデルであり、その後のカメラに大きな影響を与えた。© WestLicht-Auction

1. ライカは大きくなってはいけない。
2. シルエットの美しさに影響してはいけない。
3. カメラと距離計を別々に買う場合より高くなってはいけない。
4. 既存のライカレンズ35ミリから135ミリのどれとでも連動しなくてはならない。
5. すぐに操作できなくてはならない。
6. 作動原理は特許が取れなくてはならない。
7. 連動機構は永久に精度が変わらず、ガタや摩耗があってはならない。
8. 従来型のライカを改造して、取り付けられるものでなくてはならない。

これって、すごい自己規制だよね。ほとんど自虐的（?）に、高いハードルを作っている。天才は困難を発明するのだ。それにチャレンジして、クリアすることが快楽なのだ。

## レンズとボディの連動

ポリシーの第4条に注目しよう。

いろんな焦点距離のレンズに連動しなければならない、ということは、どのレンズを、どのボディにつけても、チャンと連動するってことだ。注意深い読者なら、さっき言ったことを思い出して、アレ、と思っているハズだ。レンズ交換は可能になったが、レンズとボディには相性があって、番号の下三桁が合う場合でないと、取り付けられない。さっき、そう

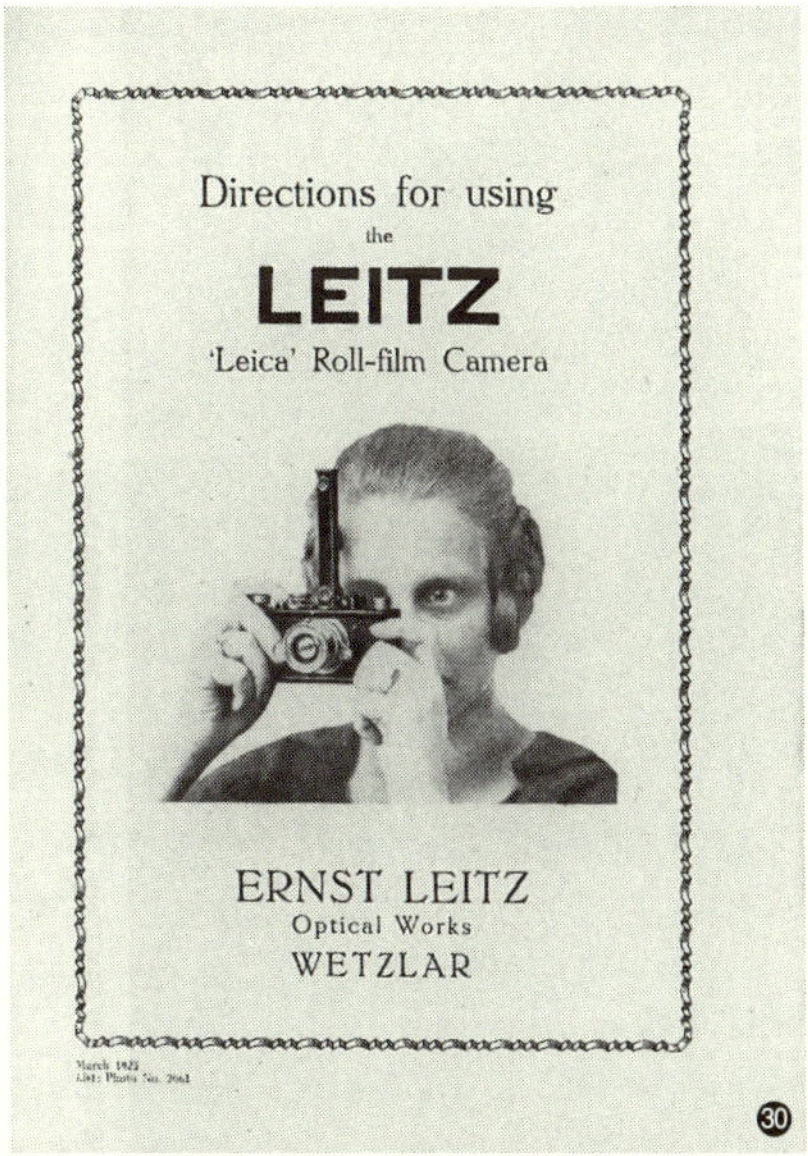


㉚——ライカの初期の広告の写真やイラストを見ると、カメラの上のアクセサリーシューに、距離計のエントツを立てている。

言った。

実は、この問題は、Ⅱ型の出る一年前、１９３１年に、解決されている。あらゆるレンズが、どのボディにでも、付けられるようになった。ボディ番号でいうと、６０５０台からあとのが、こうなっている。

そうなった理由は何か。

フランジ面からフィルムの乳剤面までの距離、メカニカル・バック・ディスタンスを一定にできるように、ボディ側の精度が向上したからだ。

ちなみに、レンズ交換式のカメラでは、メカニカル・バック・ディスタンスと、フランジ・トゥ・フォーカス・ディスタンスが同一なので、いまでは、メカニカル・バック・ディスタンスという正式な言い方よりも、和製英語の、フランジ・バックという言い方が定着してる。

これを28・8ミリに規格統一した。こうなってからは、レンズマウントの上に、０の字が入っている。レンズ側にも、おなじ刻印がある。

このころのライカのマウントは、みなスクリュー式で、現代の主流になっているバヨネット式よりも、着脱に時間がかかる。

バヨネット式でもスクリュー式でも、精度はフランジ面との密着性で出しているのだから、精度面での優劣はない。早さだけの違いだ。

スクリュー式のほうが、固定がしっかりしてるという人たちもいる。ただし電気接点とか付けるようになると、バヨネット式のほうが設計がやりやすいかも知れない。

バヨネットは、フランスのバイヨンヌ（Bayonne）地方の農民が暴動を起こしたときに、棒のさきにカンタンに剣が付けられる金具を発明したのが始まりだ。むかしは日本の陸軍とかでも、腰に下げてるゴボウ剣をバヨネットで小銃の先に付けて、白兵戦で敵を突き刺すのに使っていた。

ライカがスクリューマウントだったので、ライカをコピーしたカメラも、ほとんどスクリューマウントを使った。[*3] おかげで、世界中にライカに適合するレンズがあって、それを集めるだけでオモシロイ一大コレクションが成立するくらいだ。

## 身体尺で設計されたライカ

ところで、古代から中世、近代、現代を通じて、ヨーロッパでは長さを表わすのに、いろいろな尺度が使われてきた。

中世から近代にかけては、ドイツだとフース（Fuss）、ツォル（Zoll）が主流で、英語だとフート、インチにあたる。中世の手工業の時代には、とうぜんこの尺度を使ってたし、産業革命で機械化したときも、工作機械はすべてこの尺度で設計・製造されている。

１７９１年に決まったメートルは、北極点から赤道までの子午線の弧の１０００万分の1という定義だから、地球物理学とか天文学とかには適当な単位だが、人間の身の回りのモノにまでこれを使うのはバカゲてる。

フースというのはニンゲンの足のカカトから爪先までの長さで、ツォルは親指の幅だ。ツォルは古いドイツ語では、木を細かく切ったときの木切れの意味だ。モノサシとかはムカシは貴重品だから、そんじょそこらにはない。そこでカラダのパーツで長さを測ったり表現したりしたのだ。

尺度の原器でいちばん古いのは、シュメールのニップル神殿で出てきたニップル・エレ（Nippur Elle）で、紀元前１９５０年ごろに作ったものらしい。長さが５１７・２ミ

＊3――モチロン、世の中には例外もある。有名なのは第二次大戦中に出たキヤノンのJ型で、ライカのスクリューのピッチが、1／26インチなのに対して、1／25インチなのだ。だから、キヤノンJ用のレンズを、ライカに装着すると途中で止まってしまう。どうして、こんな半端なことをしたのか知らないが、ライカとドイツ第三帝国のご威光がスゴかった時代なので、後進国である日本で、しかも零細企業にすぎなかったキヤノンの設計者がエンリョしといたのだろう。どこぞで、キヤノンの設計者が無知で1ミリの設計にしたというハナシがあるけど、ムシしておいていい。それこそカメラ版の自虐史観というモノだ。

りで、これが1エレなのだ。エレ（Elle）はドイツ語だから、マルクスも「資本論」のなかで、このエレの単位を使って、布地のことを書いてる。エレは肘から中指の先までの長さで、ラテン語だとクビトゥス（cubitus）だが、これはラテン語の肘（cubitum）から出た言い方だ。

人間のカラダのパーツを使う長さの単位を身体尺と言ってるが、人間が手で使うカメラだって、身体尺で作ったほうがイイに決まってる。

ライカでもコンタックスでも、みな身体尺を使って設計・製造してるので、戦後のライカMシリーズにしろ、コンタックスのⅡaやⅢaにしろ、計測してみると、フースやツォルの単位だと計測値に端数がつかない。メートル法だと、コンマ以下に端数がズラズラ並んでしまう。

メートル法が登場して、ヨーロッパ大陸に普及したが、イギリスだけが取り残された。イギリスは厳密な意味ではヨーロッパじゃないから、それでもいいのだが、ドイツなどのヨーロッパ製のカメラが、ツォル単位のスペックでできてるのを見て、イギリスの尺度を使ってると誤解する人が、わりあい多い。かなりのヒトでも、そう思ってる。このことは、あとでまた触れる。

メートル法の普及といっても、ドイツのカメラ産業などは、むかしからのツォル単位を使い続けてるから、ライカのスクリューのピッチが、1／26ツォルであるのは当然なのだ。

唯一の例外は、戦後のカール・ツァイスで作ったいわゆるイエナ・コンタックスで、これはメートル規格でできている。カール・ツァイスは科学機器を作るので、早い時期にメートル規格に切り替えたのだ。だからドレスデンのツァイス・イコンのコンタックスはツォル規格だが、イエナ・コンタックスは、ビス1本にいたるまで、メートル法規格なのだ。

ちなみに英語でインチというのは、ラテン語のウンキア（uncia）から来ている。ラテン語にも教会読みというのがあって、教会では時代が下るとiやeの前にcが来たときにチとかチェとか読むから、ウンチアになった。これがナマってインチになったのだ。

ツォルはインチと同じ長さだが、これがまた一筋ナワではいかない。

神聖ローマ帝国を、ナポレオンが1806年に解体したあとで成立したドイツ連邦は、オーストリア帝国を盟主とした35の君主国と4つの自由都市からできてる複雑な国家連合体だが、このなかの国ごとに、1フースが10ツォルだったり、12ツォルだったりするのだ。

小倉磐夫先生は日立製作所のご出身で、東大生産技術研究所教授をされていたが、小穴先生のあとをついで、アサヒカメラのニューフェース診断室のドクターをされていた。その小倉先生でさえ、ドイツでインチネジを使うことをフシギに思っておられて「第一次大戦が終わって12年もたっているのに、いまだに旧敵国の規格のネジを切っていたことになる。ライカ考証者に、解説をお願いしたいところだ」（アサヒカメラ1994年3月号付録）と書いておられる。ずいぶん遅くなったが、やっと、ここで解説させていただいた。

## カメラに「機械美」をもちこんだライカ

連動距離計が付いたことで、ライカはカメラとして完成したのだが、見かけも、ものすごく変化した。

カメラを船に見立てると、トップカバーは上部デッキだが、この上部デッキの構造が、猛烈に複雑になった。

「グンカン部」という表現があるが、それはこの複雑化した上部デッキを、うまく形容している。

建築で言えば、バロック的になった、複雑で、過剰になったのだ。

むかしの蒸気機関車のピストン・チェンバーから動輪にかけてのゴチャゴチャした部分は、よく「機械美」のタトエに使われるが、ああいう機械美を、このグンカンは見せている。

「機械美」の本質は、さっき言った過剰性なのだ。ゴチャゴチャ込み入った、過剰に精巧複雑なトコ、「機械美」はそれで成立しているのだ。

「機械美」も美の一種だから、トーゼン、観賞の対象になる。

ライカⅡ型のグンカン部は、カメラのなかに、機械美を持ち込んだ、最初の例だ。でも、ブラック仕上げだと、これがアンマリよく判らない。オタク系のヤツが見るとワカルのだが、フツーの人間だと、それが判らない。

それがグーンとワカリ易くなったのが、1932年の終わりに、マットクローム仕上げが出たときだ。

ブラック仕上げのときは、オタクだけに通用する「機械美」だったのが、マットクローム仕上げで、一般向けになったのだ。機械美の価値が通用するオーディエンスが、うんと広がったのだ。

だれにでもワカル「機械美」をもった、観賞の対象になったのだ。

つまりライカは、連動距離計をつけて、マットクローム仕上げにしたことで、カメラ

❸❶—クロームメッキされたライカ。それまでに無いクロームの外装と、軍艦部の複雑な形状は、アール・デコ時代が生んだ造形美の極致と云えるだろう。 ©WestLicht-Auction

でもあるし、観賞の対象、美術工芸品でもある、というポジションを、手に入れたのだ。

これは画期的なことで、観賞の対象になれる道具なんて、そうザラにはない。

冷蔵庫を観賞する、それはナイ。

ハサミを観賞する、それもナイ。

ホッチキスを観賞する、それはちょっとアブナイ。

でもポルシェやフェラーリを観賞する、これはアリ。

ヴァシュロン・コンスタンタン、パテーク・フィリップを観賞する、オオアリ。

つまり手の込んだ機械モノで、その用途、つまり走ったり、時間見たりすること以外に、見て楽しめるモノ。そーゆーモノのエリート・クラブに、ライカは加入できた、ということだ。

観賞の対象として、ショメーやカルティエのジュエリーなどと、おなじレベルに来たのだ。

キカイオタクだけじゃない。キレイなモノ好き、カワイイ系好き、宝飾品ファン、そんなサークルのインタレスト、いや、むしろ憧れの対象になったのだ。オマケに写真まで撮れるのだ。

さぁ、こうなると、ライカはコワイモノ無しだ。

カメラの帝王なのだ。

カメラの中で、観賞に耐えるヤツ、機械美を持ってるのは、そんなに数がない。

蛇腹カメラの中には、皆無だ。全金属製カメラ、と言っても数が知れてるが、その中には居る。たとえばコンタックスとか。

これもI型の機械美はオタク向けで、審美眼、機械美価値の流通範囲は狭い。

❸❷——ライカに対抗してツァイス・イコン社が開発したコンタックスI。角ばっていて、ライカとは対照的なデザインである。
©WestLicht-Auction

フバート・ネルヴィンの傑作、コンタックスIIには、確かに機械美があるが、もっと優れた機械美があるのは、おなじ彼の名作、テナックスIIだ。

でもこの二つにも、残念ながら、クローム・ライカの優美さはない。洗練はない。宝飾品のような美しさがない。

これはマット・クロームのグレインとか色合いとか、複雑な要素も絡んでくるが、なんといっても、クローム・ライカのグンカン部のデザインの、優美な完璧性には、コンタックスIIもテナックスIIも、遠く及ばないのだ。

それにサイズ。クローム・ライカは、大きすぎず小さすぎず、そのサイズが絶妙なのだ。

コンタックスIIもテナックスも、大きすぎる。

そのコンパクトな空間に、ギュっと濃密に圧縮された機械美と、それを優雅にまで変化させるディテール処理の完璧さ。

Contax

㉝

Attractive series of photographs such as those shown overleaf are the special forte of the latest Zeiss Ikon miniature camera — the Tenax, taking pictures 24×24 mm or one inch square. With this instrument snapshot after snapshot can be made in rapid succession without lowering the camera from the eye. How this has been managed is explained on the pages following.
TENAX
ZEISS
IKON

㉞

㉝——コンタックスIの後継機として、フバート・ネルヴィンが設計したコンタックスII。
©WestLicht-Auction

㉞——フバート・ネルヴィンが設計したテナックスII。24×24ミリのスクエアフォーマットのフイルム画面を持つ速写カメラ。その速写性を活かして軍用にも用いられた。

# 第7章 ライカの美のヒミツ

## 曲線が使われたディティール

クローム・ライカをよく見てみよう。特にその美の核心、グンカン部を。ちょっと見ると四角い感じのグンカン部だが、この四角がヤワラカイのだ。なぜヤワラカイ感じがするのか。

ディテールを見ると、いたるところに曲線が使われている。バロック的というより、ロココ的なのだ。カドだって、面を取るんじゃなくて、ビミョーに丸めてある。

ニンゲンの目は、チラリと見ても、こういうディテールを瞬間的に拾って、脳で統合するから、全体としてヤワラカイ感じが出るのだ。

このへんが彫刻でも絵画でもシャシンでもまたキカイモノでも、造形アートの特質で、文章や音楽みたいにスキャンしながら印象を作り上げて行くんじゃなくて、チラッと見ただけで、印象ができ上がるのだ。

インダストリアル・デザインのプロは、このへんがよくワカッテて、ディテールに細心の注意をはらってシゴトする。芸術の本質はディテールだということが、骨身に沁みてワカッテルからだ。

バルナックも、これがよくワカッてた。

ここで思い出そう。彼がもともと風景画家志望だったことを。美について、鋭い感受性とセンスをもっていたことを。絵画つまり造形芸術への、才能の適性を持っていたことを。

そしてそれが、インダストリアル・デザイン、つまり造形美の追求に、ピッタリのセンスであったことを。

クローム・ライカのグンカン部。それは彼の、インダストリアル・デザイナーとしての一流性を、最高にハッキリさせた作品だ。

そして、さっき言ったポリシーの第1条にあった、最適サイズについての絶対的なカン。

「ライカは大きくなってはいけない」

彼が作りだしたライカのサイズが、イチバンいいのだということを、直観的に見抜いている。

さすがのフバート・ネルヴィンの才能も、このバルナックの天才に、遠く及ばなかったということだ。

## 宝飾品か工業製品か

ライカとコンタックスの、デザインの良さの違い。その背後には、もうひとつ違いがある。

カメラに対するライツ社とツァイス・イコン社の考えの違いだ。そこから来る、商品コンセプトやポジショニングの違いなのだ。

ライツ社は顕微鏡メーカーで、たまたま出した高級カメラが当たった。でもほとんどの工程が手作りだし、最初から貴重品、一生モノの宝飾品扱いで、全個体に通し番号を付けている。

ツァイス・イコンにとっては、カメラはただの大量生産の工業製品で、冷蔵庫とかエアコンとか作って売る程度の感覚しかない。最高級のコンタックスでさえ、貴重品あつかいはしてない。ボディにはいちおう番号が入ってるが、通しじゃないみたいだ（というのは、いまだに謎が多くて、解明されていないからだ。てことは、戦災のせいもあるが、もともと記録の管理が厳重ではないということで、それも会社の姿勢を表わしている）。

つまりライカに比べて、ツァイス・イコンのカメラは、コンタックスでさえも、雑に扱われてるのだ。

そしてそれは、さっきも言ったように、ツァイス・イコンが、もともとカメラ作りのプロの会社だからだ。

最高級のコンタックスや二眼コンタフレックスでさえ、ハイエンドの商品でしかないからだ。冷蔵庫やエアコンの中での、高級品というだけの扱いなのだ。

## ファッションアイテムになったクローム・ライカ

ライカII型のクローム仕上げは、宝飾品なみの観賞対象になった時に、ファッションアイテムにもなった。

ジュエリーとおなじように、メンズ・ファッションのアイテムになったのだ。

高級時計、タイピン、カフスなどとおなじように、ライカをアクセサリーとして

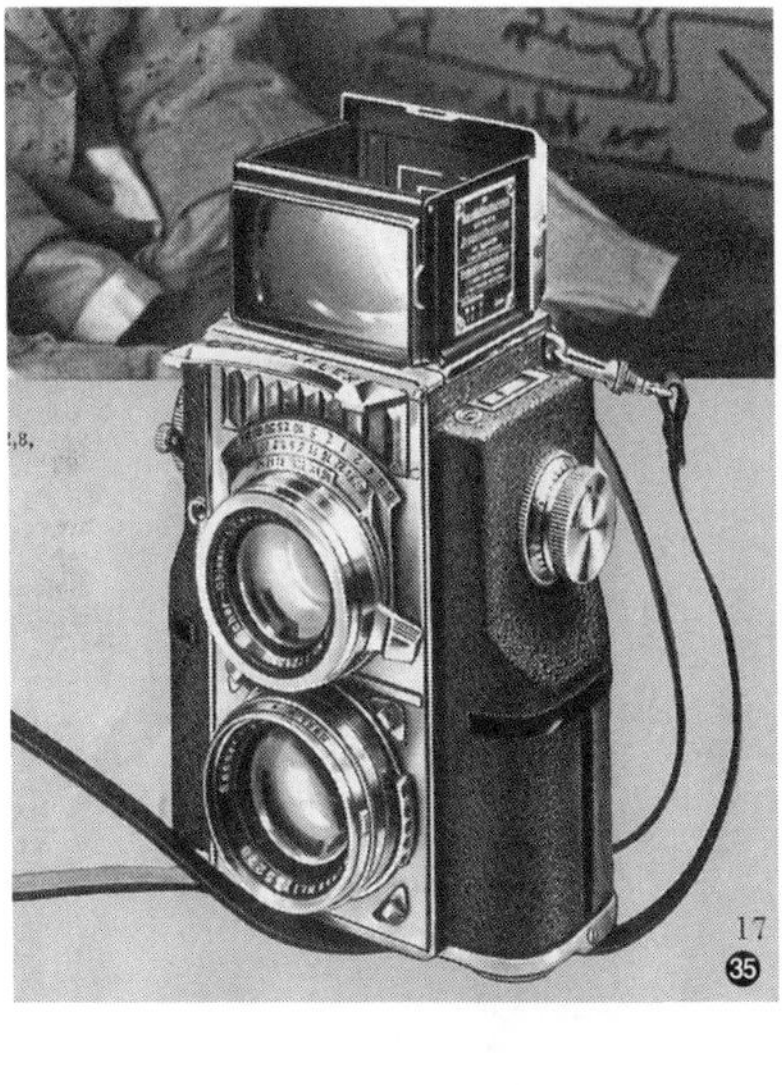

17
㉟

㉟——世界初の電気露光計内蔵カメラであるコンタフレックス。昭和10年（1935）当時、標準レンズ付きで2200円と、飛び抜けて高価なカメラであった。

持つことが、オシャレなトレンドになったのだ。

これも画期的なことで、カメラでこのポジションを獲得したものは、ほかには全くない。

散歩着で、すこしリラックスしたとき。

ノーフォーク・ジャケットで、フラネルのパンツ。

ソックスがアーガイルで、靴はコードヴァンのウィングチップ。

こんなファッションのときに、いちばんサマになるコモノ、それがクローム・ライカなのだ。

優雅なマットクロームの、複雑で美しいグンカン部を輝かせたライカなのだ。

この時点で完成された、ファッション・アイテムとしてのライカの価値。

うんとあとになって、それに目を付けたのはエルメスだ。エルメス資本がライカを傘下に入れたのは、それが理由だ。

その頃までのあいだ、ライカはますます、ファッション・アイテムとしての価値にミガキを掛けたのだ。

Ⅱ型のクローム・ライカが出たのは１９３２年の暮れ、大昔だが、それが大ブレークしたことで、ライカは自覚したのだ。

この路線を進めば、独自の道が開けることを。

そのへんのブサイクなカメラと違う未来があることを。

高級品、というより、むしろ贅沢品のステージで輝けることを。

カメラというカテゴリーから脱出して、宝飾品のような地位に登れることを。

このライカのポリシーは、２０１１年６月に、すごくデカイ花を咲かせた。Comité

Colbertメンバーにノミネートされたのだ。

コミテ・コルベール、コルベール委員会。1901年に施行されたフランスの法令にしたがって、1954年に創設された団体で、ジャン・ジャック・ゲラン、香水のゲランの代表が発起人だ。

パリの贅沢品ブランド75社の連合体で、EUのほかの国のブランドでも、これというものは会員に入れる。

フランスの会員はエルメス、ガラスのバカラ、サン・ルイ、腕時計のブレゲ、宝飾品のカルティエ、ワインのシャトー・ラフィット・ロチルド、香水のシャネル、食品のダロワヨ、ホテルのリッツ、プラザ・アテネ、ジョルジュ・サンク、銀器のヴァン・クレーフ・エ・タルペル、クリストフル、服飾のランヴァン、バルマン、ディオール、イヴ・サン・ローラン、ジヴァンシー、袋物のルイ・ヴィトン、コニャックのレミ・マルタン、ライターのデュポン、レストランのタイユ・ヴァン、シャンパンのクルーク、ヴーヴ・クリコ……。書いてゆくとキリがないが、どれもこれも、贅沢品の名店ばかりだ。

フランス以外のブランドで、加盟を許されているのは6社しかない。チェコのボヘミア・グラスのモーゼル、ベルギーの袋物のデルヴォー、ポーランドの化粧品のドクトル・イレーナ・エリス、ハンガリーの陶器のヘレンド、ドイツの万年筆のモンブラン、それに新しく加盟したドイツのライカだ。

# 第8章 ブランド・カメラ

## 排除価格をつけた贅沢品

いま書いた、いずれ劣らぬ名ブランドの作る贅沢品、どれもネダンが高い。高級品よりも、アタマひとつ、いや、三つぐらい飛びぬけて高い。

そういう高級品は、もともと高級品だから、性能だってミカケだって、こういう贅沢品とくらべて、そんなに違わない。というか、性能なんかでは、上回ってるものも多い。でも、ネダンは、贅沢品のほうが、アットー的に高い。

そして、それでも、売れる。そのベラボーなネダンを、ヘーキで通して行く。初めのほうで、超過収益力という概念を紹介したが、そのチカラがあるのだ。

さっきはそれが、ブランドの信用、魔力だ、みたいなことで片づけたが、実はこれにはウラがある。

排除価格というウラがあるのだ。

買ってほしくない相手、持ってほしくない客を排除するのだ。

そのへんのツマンナイヤツに買われて、持たれると、ブランドのネウチが下がる。だからそんなヤツラが買えないような、ベラボーなネダンを付ける。

キカイものなかで、こんなポリシーで売ってるもの。その代表には、時計がある。パテーク・フィリップ、ヴァシュロン・コンスタンタン、オードマール・ピゲの御三家をはじめとして、キャビノチエの限定モノになると、数千万円のはザラだ。

それに、クルマだな。

クルマだと、ちょっとむかしで言えば、ロールズ・ロイスのファントムの、インペリアル・リムジン・ド・ヴィル、7338ccのヤツとかだろう。

もっとむかしでいうと、イスパノ・スイザがあった。ヴァン・ヴォーレンのコーチを乗せたものなどは、貴族かビリオネア専用だった。ブガッティは馬力だけはデカイが、デザインでラクダイ。馬蹄形のフロント・グリルを発想した時点で、ダメ。あれほど四角いものにこだわったエットーレ・ブガッティが、なぜあんな丸っこいデザインを考えたのだろう。

ともかくファントムにしても、イスパノにしても、ヘンなヤツに買ってもらうと困る。だからネダンが高い。

イスパノのJ12のV型12気筒9423ccのやつとか、おそろしく高かった。シャシーだけで、いまの金だと1億円以上だった。むろんコーチつまりボディのほうは、名だたるコーチビルダーに特別注文で作ってもらうのだ。

このJ12シャシーを使ったリムジーンは、ロスチャイルド男爵とかが使っていたことが判っている。

これをツインシーター・コンバーチブル仕様で使っていたのが、ポーランド王族のポニアトフスキ公爵だ。しかも公爵は、9423ccのエンジンを、1万1310ccに

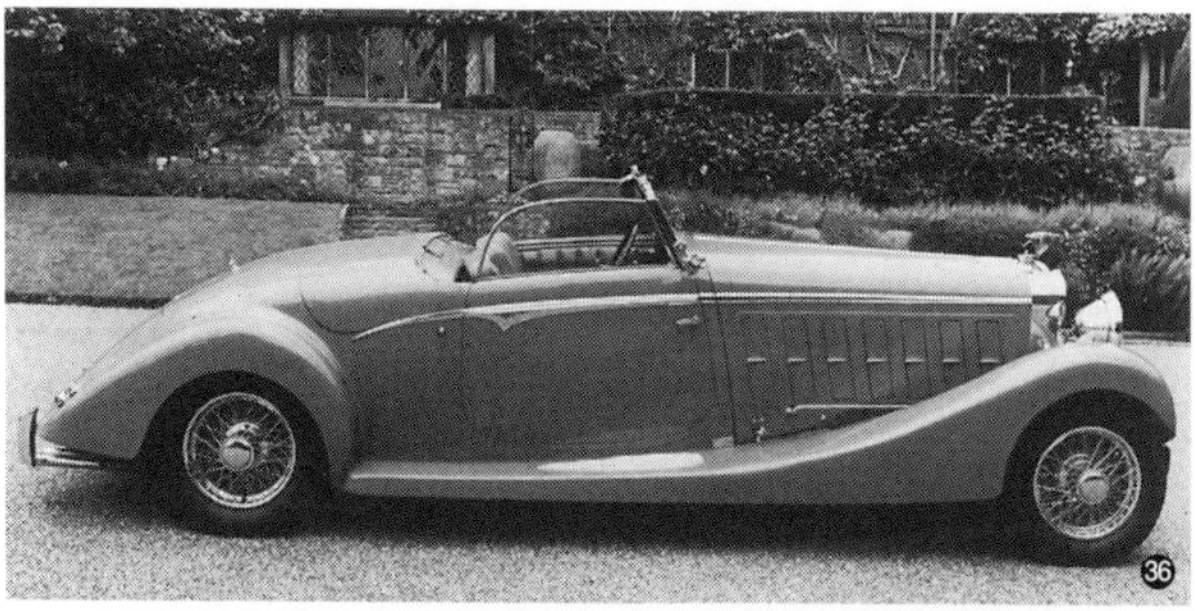

㊱――イスパノスイザJ2、ツインシーターコンバーチブルモデル。V型12気筒1万1310ccのエンジンを搭載している。自動車が、もっともエレガンスであった時代を代表する1台である。出典：The Legendary Hispanosuiza Johnne Green DALTON WATSON LTD England p206

改造して、シャシーも103に変えて、まいにち違うガールフレンドを乗せて、パリ中を走り回っていた。

もともと公爵はカーマニアで、そのホビーが膨張して、イスパノ・スイザの会社にはいって、勤めてたんだから、マニアも本格的だ。

このイスパノ、写真で見ると、なんとも言えない優美なコーチワークで、ほれぼれする。フィゴーニ・エ・ファラスキのドライエとかも、名デザインだが、このイスパノのほうが上だ。ドライエのような、くずれた退廃性がない。優美と洗練が退廃のフチに至るとこで、あやうく踏みとどまってる。

気品と流麗。典雅のカタマリだ。

こんなクルマが、パリの夕暮れのトワイライトに、たそがれる街燈の光を複雑なボディの曲線にくねらせて走って来たら、胸がときめくだろう。そして走り去ってゆく赤いテールライトを、いつまでも見送っているだろう。

こういうのが、デザインの洗練で、こんなモノは、うんと高いネダンでないと、ヘンなやつに乗りまわされると、イメージが下落するのだ。

ライカ、バルナック型のクローム・ライカには、このイスパノJ12とおなじぐらいの、デザインの洗練があった。ネダンのほうは、もともと家一軒の高額だから、ゼイタク品の関門はパス、そこへ持って来て、このデザインだから、もうモンクのつけようがない。

## 1930年代が生んだ名デザイン

イスパノとクロームライカ。

どちらも名デザインのミホンだが、どちらも1930年代のモノだ。

イスパノに限らず、1930年代は、ヴィンテージ・カーの時代で、名デザインのクルマが多い。クルマだけじゃない。工業製品のデザインも、この時期にすごくイイものが出てる。たとえば鉄道車両だってそうだ。

これにはどーゆー意味があるんだろう。

第一次大戦が1918年に終わって、オーストリアを中心にした旧体制、アンシャン・レジームが崩壊した。

宮廷文化、さんざめく舞踏会のガス灯の夕暮れ、ワルツ、華麗な軍服、優雅なローブデコルテ、農本主義的社会の下部構造に乗った貴族社会、それが滅びた。

そして新しい動きが噴出した。

ダダ、シュルレアリスム、ロシア・アヴァンギャルド、表現主義、ワイマール憲法、ハイパー・インフレーション、キャバレー文化、ありとあらゆる分野で、旺盛な意欲の、新しい創造と、変化と、事件が生まれた。

それが狂乱の20年代を経て、爛熟して、退廃のちょっと手前まで洗練された時代。それが30年代なのだ。30年代のツァイトガイスト（Zeitgeist）、時代精神なのだ。

しかも、戦後の復興で、資本主義が黄金時代を迎える。所得の増加した大衆市場に向けて、あらゆる消費財が供給される。

とうぜん競合がおこり、品質競争、そして、デザイン競争が激しくなる。すこしでも気の利いたデザイン、カッコいい外観の製品が、市場で勝ち残る。

爛熟期を迎えた新興芸術というネタの宝庫から、デザイナーはいくらでもヒントを摑んでくるのだ。

クルマから口紅まで、口紅から機関車まで、デザインの手が及ばないところはないのだ。パリ生まれのレーモン・レヴィ、つまりレーモンド・ロウイーが活躍したのもこのころだ。

しかもクルマでは、新しいデザインのセントラル・コンセプトが確立されている。ツェッペリーン飛行船のヴォルフガング・Ｅ・クレンペラー博士が提唱したアエロデュナミスムスつまり空気力学、そこから生まれた累積分布曲線のアタマがある砲弾型のカタチ、つまり流線型。そしてこれをクルマに利用したクレンペラー・チームのパウル・ヤーライ。

アウトウニオンではこの流線型デザインを採用して、ポルシェ博士の指導でレーシングカー、Ｐヴァーゲンを作った。シャシー後部に置いた６０００ｃｃＶ16スーパーチャージャー付きエンジンで５２０馬力を出す怪物マシーン、時速２９０キロで突っ走った。この流線型の斬新さは、曲面の持つロココ性に、近代的なマスクをかぶせるのに成功した。

こんな時代の雰囲気、Zeitgeistに、バルナックが無関心であるハズがない。さっきも言ったみたいに、もともと画家志望、造形芸術系の才能なんだから。

だからクローム・ライカだって、あんな傑出したデザインのカメラになったのだ。

## M型のデザイン・コンセプト

ついでにいうと、M型ライカは、デザインでラクダイだ。

M型ではM3がイチバンいいというヒトが多い。でもあれでも良くない。デザインがダメ。

いまの若いヒトは、M型で育ってきてるけど、M型って大きすぎる。

㊲——アウトウニオン・Pワーゲン。ポルシェ博士設計のミッドシップにV16気筒エンジン搭載のレーシングマシン。写真は、速度記録に挑んだストリームライナー型。

機械美はある。でも優美であるには大きすぎる。感じがゴツイ。レンズにくらべてボディが大きすぎる。だからマヌケな感じがある。

バルナック型のクロームライカに都会性があるのに比べると、M型はイナカ者の感じがする。正確で律儀だけど、朴訥なイナカモノだ。シャレッ気がない。気が効かない。マジメ一方で、面白みがない。都会的な洗練がない。

だからファッションアイテムとして、成立できない。クローム・ライカみたいに、持ってるだけで、エレガントな感じが出る、そんなふうには行かない。

でも、しかし、M型はイイ。

どう？　混乱した？

説明しよう。

バルナック型とM型では、コンセプトが違うのだ。だからイイとかワルイとか言うための、モノサシを変えなきゃダメなのだ。

さっき、デザインがダメといった。M3でもダメと言った。

ここで言い変えよう。

M3のデザインは、バルナック型のデザイン・コンセプトの表現要素を、そのまま引き継いでいる。違うコンセプトのハズなのに、前のコンセプトで使ったデザイン・エレメントを、いっぱい引きずってる。

もっとハナシをはっきりさせるために、デザインというコトバも、定義しよう。ドイツ語では、デザインのことを、Formgebungフォルムゲーブングという。カタチを与えること、形態賦与。それがここで言うデザインだ。

M3はバルナック型クロームライカの、バロック的なデザインを、かなり引き継いいでいる。ファインダー窓のフチが、ツケマツゲふうに盛り上げてあるのなんか、その見本だ。

でも、変えてあるトコもある。

グンカン部なんかは、即物的になってる。

M4、M5と変化してゆくと、この即物性がハッキリしてくる。M6になると、完全に即物的なデザインになる。

このへんから、M型は、コンセプト通りの形態、つまりデザインになる。このへんから、M型は良くなる。イイ形態になる。

バルナック型は、「小型で大型に負けないぐらい良く写るカメラ。エレガントなルックス」がコンセプトだった。

M型は違う。「ファインダーがバルナック型より良くて、よく写るカメラ。優れた光学機械」がコンセプトだ。

M型は大きくてもイイのだ。ルックスがエレガントでなくてもイイのだ。

でもカッコ悪いと商品価値が下がる。消費者用の商品だから、カッコは大事だ。エレガントでなくてもいいけど、ルックスが悪くてはイケない。

コンセプトの軸足は、優れた光学機械なのだから、それにふさわしい形態、つまりデザインでなくちゃならない。

M6以後、現在のMEとかM-240まで、いま続いてるM型のデザインはイイ。優れた光学機械という中心コンセプトを、よく形態的に表現している。

だからM型のデザインがラクダイというのは、バルナック型コンセプトのモノサシで測ったときなのだ。

モノサシを変えると、及第なのだ。しかもかなり優秀なのだ。

ただし、バルナック型みたいに、そのままファッションアイテムになるというホドではない。ノーフォークジャケットにフラノパンツに合う、とは言えない。

もっとラフな、ライダーズ・ジャケットにダメージパンツとかだと、ピッタリ来る。マッチョ系なのだ。エレガントじゃないのだ。

ヒップホップ系でも、M9とか合うぞ。もちろん最新のM－240でもOK。オシャレな感じになるだろう。

ではノーフォークプラスフラノの場合、どんなライカを持つか。持たせるか。

そのコタエが、Xシリーズだ。特に最近の、ポール・スミスのX2だ。

そして、おなじノーフォーク系でも、もっとゼイタクな感じで行きたいヒトには何を持たせるか。

それが、M9－Pのエディシオン・エルメスだろう。ネダンは248万円。あるいはモット豪華なのが欲しいヒトは、セリエ・リミテ・ジャン・ルイ・デュマだろう。

どちらを買ってもエレガントなオークルのカーフスキンに、輝くシルヴァーアルマイトのグンカン部。モンクなしの贅沢品。デュマのほうはレンズ3本とカメラバッグ付きで、タッタの525万円だから安いモンじゃないか。世界で100台発売の限定品だから、買うのはチョッと難しいかも知れないが。

## バルナック型の進化

こんなことバッカリ聞いてると、ライカって軟弱なファッション・カメラだと思うかも知れない。

でもナンジャクどころじゃない。雨ざらし、ドロまみれでも、そのまま使える、すごく硬派なカメラなのだ。

しかもそれは、みるからにゴツイM型の時代じゃない。小さくてカワイイ、キャシャでヒヨワな感じさえある、優美なクロームライカ、バルナック型の時代なのだ。

バルナック型は、Ⅱ型のあと、スローシャッターが付いた。１９３３年に出たⅢ型だ。これには距離計のベースを１・５倍まで伸ばせる拡大光学系が付いて、距離を測る精度が５割増えた。この年にはヴィゾフレックスの原型であるテリート・ボックスも出て、一眼レフみたいに使うことができるようになった。

１９３５年になると、バルナック型はさらに進化して、１／５００秒までだった高速シャッターが、１／１０００秒まで伸びたⅢａ型が出る。

これがバルナック型ライカの完成形で、その後１９５７年に出たⅢｇまで、マイナーチェンジはあっても、外観は基本的には変わらない。

ただし、内部構造は改良に次ぐ改良で、１９３８年に出たⅢｂは、シャッター幕とフィルム送りの機構が大改良されたり、ファインダーと距離計の接眼部の間隔も縮めて、画面構成と距離合わせのタイムラグがうんと短くなった。同じ１９３８年にはライカ・モーターというスプリング式のワインダーも発売されてる。

１９４０年に出たのがⅢｃで、ここからライカは大きく変わった。変わったといっても、製造工程のハナシだが。

それまでのライカは、板金加工だった。

板金、ドイツ語でブレッヒBlech。このブレッヒから来たコトバがブリキだ。

ブリキ製。印象ワルイ。ヤスモノ感がある。それが成形加工になったのだ。イモノだ。

鋳造だ。

鋳造するためには、金型が要る。これのコストがかなり高い。先へ向けて、量産する見通しがないと、オイソレと投資できる金額じゃない。

ライカはこの時点までに、36万台を売っている。もうこれで、先々は大丈夫だ。そんな見通しが立ったので、金型鋳造に踏み切ったのだ。

鋳造に切り替えるときに、ボディがそれまでより約3ミリ長くなった。高さも約2ミリ増えた。ユルセル程度だ。それにもう、バルナックは死んでたから、モンク出すヤツがいない。

最大の違いは、それまで大きく言って四つのグループでできていたのが、二つのグループになった点だ。

それまでは、グンカン部、ボディの外枠、内部メカ、レンズマウントの四つを組み立てて、できていた。

マウントを外枠に取り付けるときに、どうしても小さい誤差が出る。ワッシャーとか嚙ませて、この誤差を修正して、フランジバックを厳密に出す。この作業がどうしても必要だった。

でも鋳造にして、この作業がいらなくなった。

鋳造にしたとき、グンカン部からマエカケみたいに、レンズマウントを垂らした。つまりグンカン部とレンズマウントが一体になった。この垂れ下がりを、エプロンと言ってる。文字通りのマエカケだ。

この一体構造に、内部メカもくっつけた。そうすると、ボディ外枠だけが、スッポリ下へ取り外せる構造になる。

マウントの位置が、距離計を内蔵しているグンカン部に対して、一体的に固定されてしまう。それに、下から嵌めるボディ外枠も鋳造だから、製品ごとの寸法のパラツキもない。

だからマウントと、ボディ外枠の背中の内側との距離、つまりフランジバックも、常に一定になるのだ。

ライカが、すごく精密になったということだ、

外から見ると、最大の変化は、エプロンがついたことだが、ほかにも小さな違いがある。

撮影が終わってフィルムを巻き戻すときに、ちっちゃなレバーをAからRに切り替えるのだが、この巻き戻し切り替えレバーが、ちょっとした段の上に乗るようになった。巻き戻しのノブの根元にも、ちっちゃな段がついた。

それから、高速系のシャッタースピードの下の端っこが、Ⅲbの1／20じゃなくて1／30になり、スロー系が1／30から始まるようになった。フィルムの感光度が上がって来たので、1／20がスロー系に引っ越ししたのだ。

高速の上の端っこの1／1000から、バルブのBまで、おなじ回転方向のままで、行けるようになった。Ⅲbまでは、1／1000が終点でそれ以上は回せなくて、逆方向に回してBまで行く必要があったのだ。

あと細かい違いはいくつもある。コレクター仲間では段付きも前期と後期に分けたり、戦後のⅢcを別タイプに考えたりしてる。

Ⅲcの次にⅢdというのがあったが、これはⅢcにセルフタイマーを付けたものだ。

どういうわけか、Ⅲeというのは無い。

戦後には連合国向けにⅡｃというスペックダウンモデルを１９４８年に出す。１９４９年にはⅠｃというヴィゾフレックス用のモデルも出る。これは距離計やファインダーが無しのタイプで、学術用だった。

# 第9章 戦争とライカ

## ドイツ軍宣伝中隊のライカ

時間を戻すと、いま言ったⅢｃが、第二次大戦ですごく活躍した。活躍の舞台は宣伝中隊。

第二次大戦のドイツ軍には、宣伝中隊というのがあったのだ。プロパガンダ・コンパニー（Propaganda Kompanie）、略してＰＫ。

１万５０００人の、報道担当の部隊で、記事、スケッチ、写真、映画、録音などの班に分かれていた。これが東部戦線、西部戦線、アフリカなどの、各前線に配属されて、戦闘の報道記事を、ドイツ国内に送ってた。

内閣では、何種類もの雑誌を出して、送られてきた記事を載せて、国民にくばってた。戦意高揚が主な目的だが、出征してる夫や兄弟や息子たちが、どう戦ってるか、それを知りたい家族のニーズを満たす、そんな目的もある。

この宣伝中隊の写真班、約８００名の、ほとんど全員に、ライカのセットが支給されていた。ほとんど、というのは、中には私物のカメラを使ってた隊員もいるからだ。

㊳――特殊車両に懸架したアストロ８００ミリＦ８。Prestige de la Photographie 4 Le Leica p123 première parte Éditions e.p.a. Boulogne 1978

㊴――アストロ８００ミリＦ８＋ライカⅢｃの装備状態。Prestige de la Photographie 4 Le Leica p125 première parte Éditions e.p.a.Boulogne 1978

セットは豚革のケースにはいっていて、Ⅲcのボディ1台、35ミリ、50ミリ、90ミリ、135ミリが各1本だ。

1班には100人ほどの兵士が所属してるが、この1班ごとに、テリート200ミリが1本。

6班ごとに、特殊車両に懸架したアストロ400ミリが1本。

でも前線で使われたライカは、このPK用だけじゃない。敵軍の情報収集に、望遠レンズを付けて、ライカで撮影したのだ。

これを考え付いたのが、ナチス親衛隊、つまりSSの高官ヴァルター・ゾースト(Walter Sohst)だ。彼が使ったのは、特殊車両に懸架したアストロ800ミリで、これにライカⅢcのボディを付けて使った。

この特殊車両には、かならずラボ一式を積載した特殊車両が随行していて、撮影したネガをすぐに現像、乾燥、引伸、焼付して、敵軍の詳しい状況を映像的に把握・分析して、次の作戦行動を展開する。

ヴァルター・ゾーストが、前線に視察に来た宣伝大臣ゲベルスに、この偵察写真の効用を、自分で説明してる写真が残ってる。

㊴

㊵

㊶

㊵――アストロ800ミリF8＋ライカⅢcの装備状態を後ろから見る。接眼部は双眼式になっているのがわかる。Prestige de la Photographie4 Le Leica p125 première parte Éditions e.p.a.Boulogne 1978

㊶――ヴァルター・ゾースト（写真手前）に、前線に視察に来た宣伝大臣ゲベルス（写真奥）が、偵察写真の効用を説明している。Prestige de la Photographie 4 Le Leica p124 première parte Éditions e. p. a. Boulogne 1978

ゾーストはもともと写真のプロで、「媒体掲載用の望遠写真」というテキストまで出版してる。ＰＫの写真班などを対象にしたものだ。

アストロ８００ミリとはなにか。

名前を聞いた読者も多いだろうが、アストロは主に望遠レンズ専門のレンズ会社で、戦前からライカ用の24×36判に使う望遠レンズも作っていた。１９３２年、13×18判のミニフェックスという小型カメラに装着された５群７枚構成のタコンは、25ミリＦ０・95というスゴイ明るさで評判になって、高い技術力を示した。

しかし、アストロの真骨頂はやっぱり望遠で、１９３０年代に登場したアストロ・パン・タッハーは大口径望遠レンズで、各種焦点距離のものがあったが、４群４枚のスピーイディック型の構成でＦ２・３という望遠としては破格の大口径レンズだ。

ゾーストの命令で、偵察部隊が特殊車両に乗せて使ってたＦ８の８００ミリは、軍用の特注品で一般市場には出ていない。でも特注品だった理由は、別に８００ミリという超望遠だったからじゃない。アストロは長玉専門だから、長いのはいくらでもある。戦後になると、４群４枚構成で、24×36ミリ判の超望遠、２０００ミリＦ11というのを出してる。たぶん24×36ミリ判の屈折系の望遠レンズの中では、いちばん長い玉だろう。

アストロは１９２２年にベルリンで創業したAstro-GmbH Bielicke & Co.で、もともと天体観測用望遠鏡のレンズを作ってた会社だ。設立当初はシネ用の大口径のレンズも作ってたが、だんだんスチル用の大口径望遠レンズも作るようになった。

ＰＫが撮影したネガは、何百万カットの数だが、そのうち１００万カットは、いまでもミュンヘンの公文書館に保存されていて、有料で貸し出している。

㊷――撮影中のアストロ８００ミリＦ８装着のライカⅢｃ。その大きさがわかる。この写真の撮影時期と場所の特定は出来ないが、１９４０年頃、バトル・オブ・ブリテン当時のドーバー海峡と推定される。Claus Militz/Urs Tillmanns Leica FotoSchule-Geschichte Technik Praxis S.29 VERLAG PHOTOGRAPHIE 1986

## 各種軍用ライカ

ＰＫが使っていたⅢｃにはクロームのものと、塗り仕上げのものがあった。塗り仕上げはグンカン部が灰青色で、ボディが同じ色かオリーブになっている。それにクロームのものでも、ボディだけを灰青色に塗ったものがある。

１９４０年から41年にかけての、３６２４０１から３７９２２６のボディナンバーのものは、フォーカルプレーンに赤幕を使っている。このころには、幕のストックがぼつぼつ切れかかってくるので、むかしの赤幕のストックを出して使ったらしい。別の説だと、レンズを太陽に向けたときに焼け穴を作らないため、としているが、どっちが正しいのか、よく判らない。

いよいよ幕のストックが切れてくると、パラシュート生地が丈夫なので、これにゴム引きしたものを使った。ゴム引き加工をしたのは、カールスルーエにある工場だ。

そのあと、Ⅲｃ－Ｋというのも登場する。これは耐寒仕様Kaltfest のＫだと言われてるが、ホントはボールベアリングつまりクーゲルラーガー（Kugellager）のＫで、軸受にボールベアリングを使ってる。ロシア東部戦線のシベリアとか行くと、マイナス40度とかザラにあるので、普通の軸受だとアブラが凍って回りにくくなる。ボールベアリングを使ってると大丈夫というワケだ。このＫにも灰青やオリーブ仕上げがある。

こんな特殊仕上げは、軍用に限定されてたかというと、そうでもない。市販もされてた。ただいろんな条件をクリアしてな

㊸

㊹

㊸——アストロ１５０ミリＦ２・３を装着したライカ。イデントスコープと呼ばれる一眼レフ装置を装着する。１９３５年頃のカタログより。

㊹——軍用にグレー塗装されたライカⅢｃ。塗装が剝げ、真鍮地金が見えるところなど、歴戦の勇士の貫録というところか。©West-Licht-Auction

いと、売ってくれなかった。だから希少品であることはマチガイない。

Ｋ以外にもいろいろマークがあって、よく見つかるのは次のものだ。

Heer: 陸軍
M: Marine 海軍
Luftwaffe: 空軍 Luftwaffen-Eigentum 空軍備品
ARTL:Artillerie 砲兵隊
W-Haven:Wilhelmshaven ヴィルヘルムスハーフェン。ブレーメンの補給倉庫
Kripo: Kriminal Polizei 警察

空軍が特によく使ったのが２５０枚撮りのライカ２５０で、これにモータードライブを付けて、敵の陣地とかを撮影するのに使った。

ライカを軍用に使ったのはドイツだけじゃない。スエーデンやスイスは中立国だったので、ここにもⅢｃを中心に輸出された。そこからいろいろな国に再輸出されて、戦争相手のイギリスもソヴィエトも、かなりたくさんのライカを中立国経由で買ってた。

ソヴィエトなんか１９４１年まではベルリンに買付事務所まで持って、ドイツ製のハイテク機器をいろいろ買って、コピーしたりそのまま使ったりしてた。

㊺

㊻

㊺——ライカ２５０ＧＧ。ドイツ空軍が24Ｖの電動モータードライブを装着して急降下爆撃の効果判定などに使用したことが知られている。このカメラも塗装が剝げ、真鍮地金が見える歴戦の勇士。ⒸWestLicht-Auction
㊻——ドイツ空軍も、ライカを写真偵察をはじめ様々な用途で使用した。写真は機上でのライカを使った撮影風景。Claus Militz/Urs Tillmanns Leica FotoSchule-Geschichte Technik Praxis S.29 VERLAG PHOTO-GRAPHIE 1986

ここまでのハナシをちょっとマトメよう。

II型のクローム仕上げ、いわゆるクローム・ライカで、ライカはファッション・アイテムになった。

それが軟弱なイメージを与えたことは否定できないが、ライカは第二次大戦の前線で、大雨の中やドロマミレの状態で使われて、軟弱どころではないことを証明した。

宣伝中隊、プロパガンダ・コンパニーに支給された約800台のライカ、そのすべてが、ライカの頑丈さを証明したのだ。

同時期に、これだけの規模で、そしてあらゆる過酷な条件で、ひとつのカメラが、現場でのフィールドテスト、虐待テストを受けた例は、ほかに無い。

ライカって、すごく頑丈なカメラなのだ。

# 第10章 新しい発展

## バルナックライカの完成型Ⅲf

Ⅰcが出た翌年の1950年には、Ⅲfが出る。

これはバルナックライカの完成形といっていい出来栄えで、新しくシンクロ機構を内蔵していた。

シャッタースピードダイヤルの根元に、リングが付いて、これに0から20までの番号、いわゆるコンタクトナンバー、接点番号が刻んである。

フラッシュ光源の種類に応じて、番号を指標に合わせる。どの光源がどの番号に当たるかは、別に表があって、これで索引する。

この同調装置の内部機構は、非常に複雑なもので、合わせた番号に応じて、コーモリ傘の骨みたいなものが、接点に倒れ込むのだ。

このころのフラッシュ光源は、まだ閃光電球が主流で、品質も規格もバラバラだった。レンズシャッターと違って、フォーカルプレーンだと、閃光が持続してるあいだの時間とかが、非常に重要になる。それがバラバラだと、露光ムラができるのだ。

Ⅲｆになって、やっと同調機構を内蔵したのは、閃光電球の品質が安定して、こんなパラツキがなくなるまで、待ったのだ。

このⅢｆで、ライカは現代カメラとしての機能を、すべてそろえたと言ってよい。

Ⅲｆの初期のタイプは、このコンタクトナンバーが黒色で、ブラックシンクロと呼んでる。

後期になると、シャッター幕の走行速度を上げ、シャッタースピード系列が、いわゆる国際式、つまり高速側では１／25、１／50、１／75、１／100、１／200、１／500、１／1000になった。つまりそれまでの１／30とか１／15がなくなったのだ。幕速が変わったのでコンタクトナンバーも赤になった。これをレッドシンクロと呼んでいる。

あとでＭ３が出たときに、シャッタースピードはまた国際式をやめて、もとの系列に戻ったのだが、こっちのほうが使いやすい。

Ⅲｆの最後の時期には、セルフタイマー付きも出てる。

Ⅲｆと同じ年の１９５０年には、ライカ72が出る。これはⅢａを18×24ミリフレームの72枚撮りにしたモデル。映画の標準サイズだが、24×36ミリから見ると半分なのでハーフサイズと言ってる。

ウエッツラー製が約40台、カナダ製が約１５０台で、ウエッツラーのはビューファインダーマスクで済ませてるが、カナダのヤツは専用のファインダーになってる。コレクターには人気があるモデルだ。

Ⅲｆのスペックダウン・タイプ、Ⅱｆが１９５１年に出るが、これはスローと１／１０００秒を省略したタイプ。１９５２年にはⅠｆも出て、ビゾフレックスとか学術用だ

㊼――バルナック型ライカの完成形ともいうべきライカⅢｆ。Ⓒ WestLicht-Auction

からファインダーのグンカン部がない。黒ダイヤルはスピードが旧系列、赤ダイヤルは１／25、１／50、１／75とかが入る国際系列だ。

このⅢｆのあとに出たのが、Ｍ３だ。

## Ⅲｆの後継Ⅳ型

実はＭ３の研究は、１９３０年代から始まってた。

Ⅲシリーズのアトという意味で、社内ではⅣ型と呼ばれてた。写真は１９３５／36年ごろのⅣ型だ。

これで見ると、ファインダー窓とか距離計窓はＭ３とまったく同じだ。

開発していたのは、ヴィリー・シュタイン（Willi Stein）がリーダーだったチームだ。ほかのメンバーは、ルートヴィヒ・ライツ、ハインリヒ・シュナイダー、フーゴ・ヴェーレンプフェニヒ、アウグスト・ブレール、フリードリヒ・ガートだ。

ライカが発売されてから出たライバルには、コンタックスをはじめとして、いろいろなカメラがあった。

こいつらに負けないように、ライカを改良しようという動きは、１９３２年には、すでに始まっていた。１９３２年はⅡ型の出た年だが、おなじ１９３２年に、コンタックスが発売されてるのだ。スゴい高性能のライバルが現われて、ライツ社は危機感を持った。だからライカ改良プロジェクトをスタートさせたのだ。

シュタインは１９２４年にライツ社に入社して、いちど製鉄会社のブデルス社に転職したが、１９３２年の初めにライツ社に戻ってきて、カメラ組み立てと精密旋盤加工部門に配属された。でも半年ほどあとの、１９３２年中ごろに、このライカ改良チームに

㊽

㊽――１９３５～３６年頃に試作されたライカⅣ型。バルナック型からＭ型へ進化する過程が、よくわかる。Knut Kühn-Leitz ERNST LEITZ-EGBEREITER DER LEICA S.39 HEEL VerlagGmbH2006

配属されている。

シュタインは才能のある男で、１９４５年になると、カメラ設計部長になっている。

M型は、このⅣ型以来のシュタインのチームの協力で、１９５４年のフォトキナで発表された。

そのころのフォトキナは、今と違って、春の4月3日スタートだった。１９５４年4月20日発売の［写真工業］5月号に、M３の速報が出ている。速報を書いたのは、編集長の北野邦雄だ。

「この原稿は4月1日に書き、4月2日朝ケルンから航空便で送り、4月20日発行の本誌に間に合わせようとするのであり、ウエツラーで苦心の結果入手した印刷物によって書き上げた、ウエツラーのライツでも殆どMライカについては知らされていないので、明日発表される現品はドイツの専門家も興味を持っている」

## M３発売時の評

「写真工業」の6月号には、北野が現物を見た後の第2報が出ている。

いまの若い読者は知らないだろうが、北野は本名を吉岡謙吉と言って、北海道生まれなのでこのペンネームを付けた。

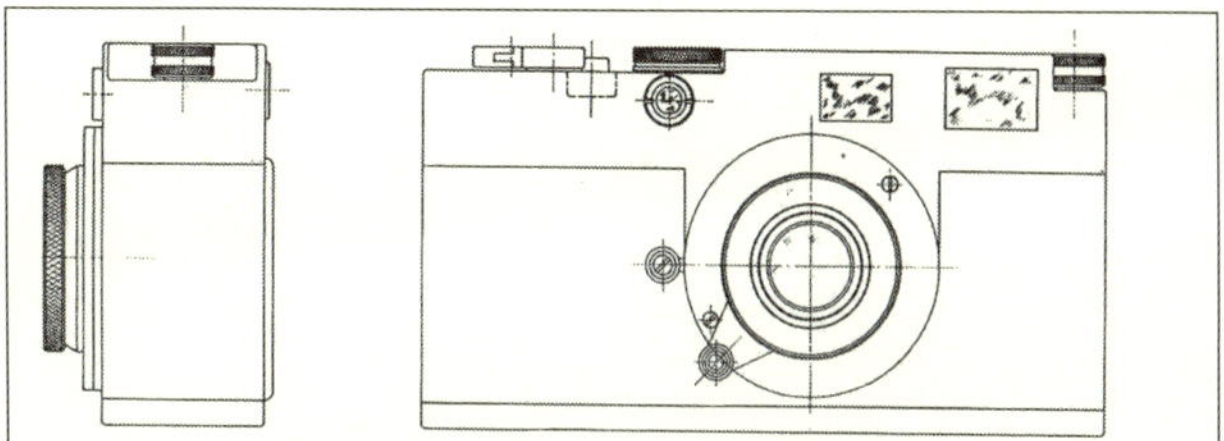


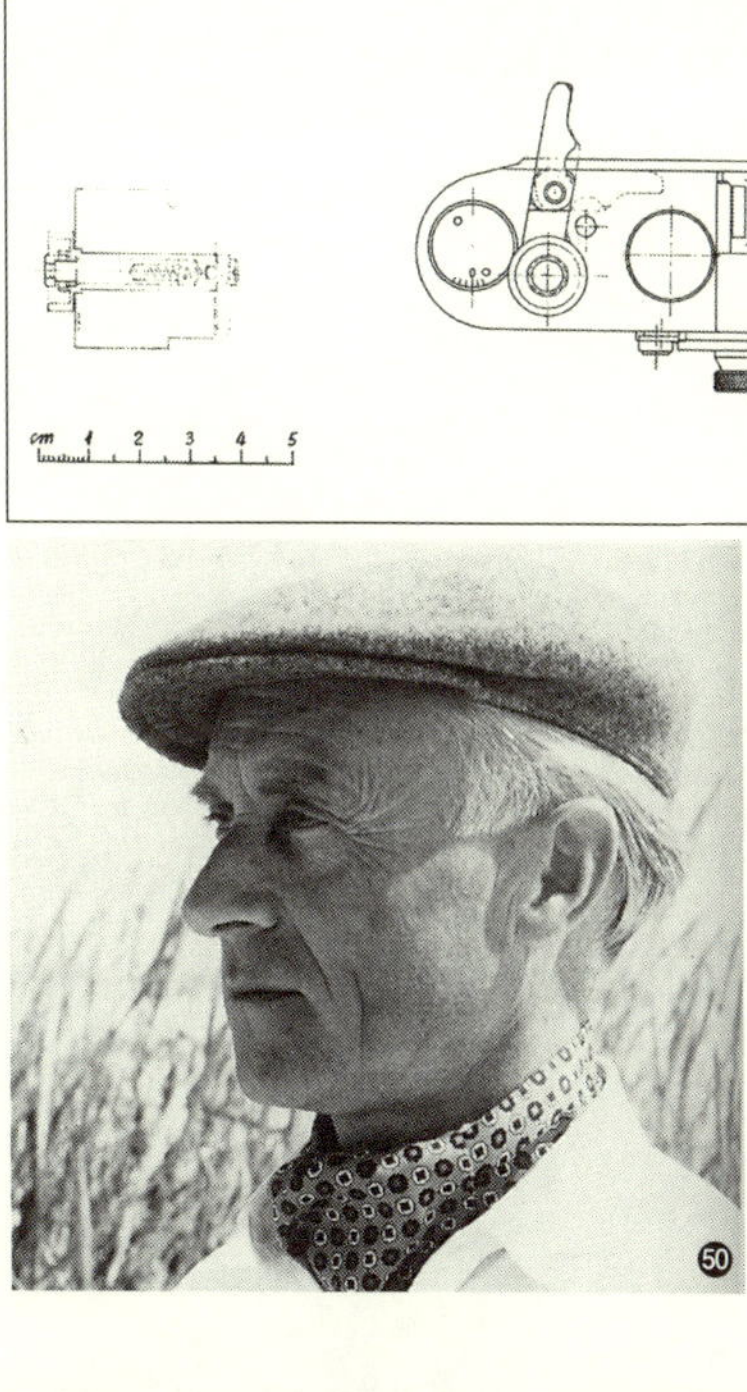

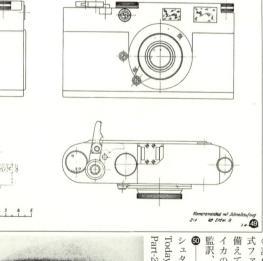


49――１９４６年の日付けのあるM型ライカの試作図面。既に巻上げレヴァーや、一眼式ファインダーなど、M型ライカの特徴を備えている。（ジャンニ・ログリアッチ『ライカの70年』72頁、藤岡啓介訳・田中長徳監訳、アルファベータ、１９９６）

50――M型ライカの開発を行なったヴィリーシュタイン。Emile G.Keller The Source of TodaysThirty-five Millimeter Photography Part-2 Millbrook, N.Y. 1989

写真工業社は、むかし光画荘という名前だったが、北野はココの社長をやってた。戦前にあった写真関係の大手出版社は、この光画荘とアルスだが、北野はアルスの出した本にも、たくさん書いてた。彼は外語学校のドイツ語科を出たゲルマニストだったから、陸軍軍医学校とか杏林大学のドイツ語講師が本職で、カメラや写真を勉強した人じゃない。でも文章はうまいし、カメラのこともよーく知ってて、ペンタックス・ギャラリーの館長やってたこともある。著書も多い。

この北野が、Ｍ３をあんまり褒めてない。

「一眼距離計（ドイツ語のメスズーヘル）を採用したことはコンタックスに対する敗北を意味する」

「全体として高さも高く、厚さも厚いのと、スタイルが相変わらず野暮ったいところは、スマートなコンタックスの比ではないが、新しい点に一日の長があるかも知れない」

北野はこう言うが、筆者もある部分では同感だ。ずんぐりムックリで、スマートさに欠ける、というのが、発表されたＭ３を見たときの筆者の印象だ。

北野や筆者みたいに、それまで、クロームコンタックスの絶妙な小ささに慣れてきた人間には、Ｍ３はデブり過ぎてた。さっき言ったみたいに、鈍重で気が利かない。都会的なスマートさがないイナカモノのカメラ、そんな感じがあった。白鳥のようなスラリとした乙女が、ボッテリの中年オバさんになった、そんな印象だった。

北野はもともとコンタックスひいきで、それまでのクロームライカのスタイルも、ヤボだとケナシてる。その点は筆者とゼンゼン違っていて、クロームライカは、イキで、都会性のカタマリという感じが、筆者にはある。大都会の、洗練された若い女性、そーゆー感じなのだ。コンタックスはオトコっぽい。Ｉ型はオトコでもイナカモノ系だし、フバート・ネルヴィンの傑作のII型は、アール・デコのシャープな都会性があるが、やっぱりオトコだ。

M3はさっき言ったオバさんだが、決してオジサンじゃない。ここがライカのスタイリングの面白いトコで、現在のライカM－240に至るまで、男性の感じが無い。それは恐らく、ちょっとしたディテールの処理の仕方から出てくるニオイ、そう、視覚じゃない官能に訴求してくる特性なのだ。

## M3の時代

かなり前のトコで、M3のデザインはラクダイだと言った。

でもモノサシを変えると、あれでイイのだ、とも言った。モノサシ変更、パラダイム・シフト。

では、モノサシを変える必然性は、どこにある？

さっきは、コンセプトが違うから、モノサシを変えるのだ、と言った。実は、もひとつ理由がある。

時代が違う。時代精神が違うのだ。

優美なものじゃなくて、ゴツイものがヨイという時代になったのだ。

クロームライカの時代、1930年代初頭、第一時大戦の戦後というよりも、両大戦間の、洗練された時代。オリエント急行の豪勢な食堂車からラウンジに移動して、バラの花びらの吸い口の付いたアブドゥラ28番に、スエーデン・マッチで静かに火を点ける生活が、アタリマエだったころだ。

生活の中に、そして商品のなかにさえ、エレガンスが残っていた時代だ。カメラ

51――1954年に登場したライカM3。新時代のライカとして登場した。全てのM型ライカの始祖であり、デジタル時代の現在でもM－240に進化して健在である。

とかクルマみたいなキカイモノにさえ、優美さが求められた時代だ。

Ｍ３が出たのは１９５４年だが、そのころのアタリマエは何か。

テールフィンをピンと跳ね上がらせて、漁船みたいな角型の巨大なボディを走らせる、光沢クロームテンコ盛りのアメリカ車。マッチョな、肩を怒らせた、ほとんど俗悪なスタイリング。

繁栄の頂点にあったアメリカのテイストが、世界中を一色に染めた時代。ゴツイものが、ゴツさを理由にして、ほめられる時代だ。

そんな時代の枠組みに、Ｍ３はピタリはまってる。

そしてまた、両大戦間の、古きよき時代の優雅のニオイさえ、かすかに残している。ホカのキカイモノにくらべれば。

北野は、「写真工業」の5月号の第一報では、Ｍ３のワルクチを言ってるが、6月号の第2報では、褒めるトコは褒めている。第一報は、フォトキナ開催の前にウエツラーで手に入れた、写真とデータだけが資料だった。第二報は、現物を見てからの評価だから、イイとこはチャンと褒めてアタリマエだ。

## 画期的な距離計一体ファインダー

さっきも言ったみたいに、Ｍ３は光学機械としては、優秀なデキアガリだからだ。ワルイとこは、デザインだけで、それはバルナック時代のモノサシで測るとワルイというだけだ。

「距離計、ファインダー共に縮小倍率のかからないところの1対1の実物大であるから非常に見易い」

ホントは0・91倍の縮小倍率がかかってるのだが、覗いてるとほとんど判らない。だから、ファインダーを一方の目で覗きながら、片方の目を開けて被写体を見られる。それにファインダーと距離計が一体化してるから、そのままピント合わせができる。ファインダーと距離計の一体化は、1936年に出たコンタックスII型のほうが先だが、0・7倍の縮小倍率がかかっているので、両方の目を開けて撮影はできない。両目を開けて撮影できる。これはファインダーカメラの短所を根本的に改善したスゴイことで、ライカM3はこの意味でも画期的なのだ。

M3の距離計一体ファインダーのすごいトコは、こんなモンじゃ終わらないぞ。おなじ距離計一体型のコンタックスII型が、サカダチしても追っつけないスゴイ性能があるのだ。

ファインダー視野の中に、距離計窓の四角い像が出る。これはコンタックスII型もおなじだが、コンタックスII型の場合はこれが虚像。でもライカM3は、これが実像なのだ。クッキリと実像なのだ。だから上下像合致式に使えるのだ。

フツーの距離計は、二重像合致式。つまり細かく言うと二点が合致してるかハナレてるかを識別する式だ。上下像合致式というのは、上から下がってる線の末端と、下から上がってる線の末端のクイチガイを識別する式なのだ。

読者の中にはノギスを使ってる人も多いだろう。ノギスには副尺、ヴァーニア(vernier)というのが付いてて、ここでタテ線の食い違いを読み取る。

タテ線の食い違いを識別する能力は視角20秒ほどだ。

並んでいる2点を識別する能力は視角で1分ほどだ。

ニンゲンの視細胞はハバが0・005ミリの六角形がハチノス型に並んでいて、2点

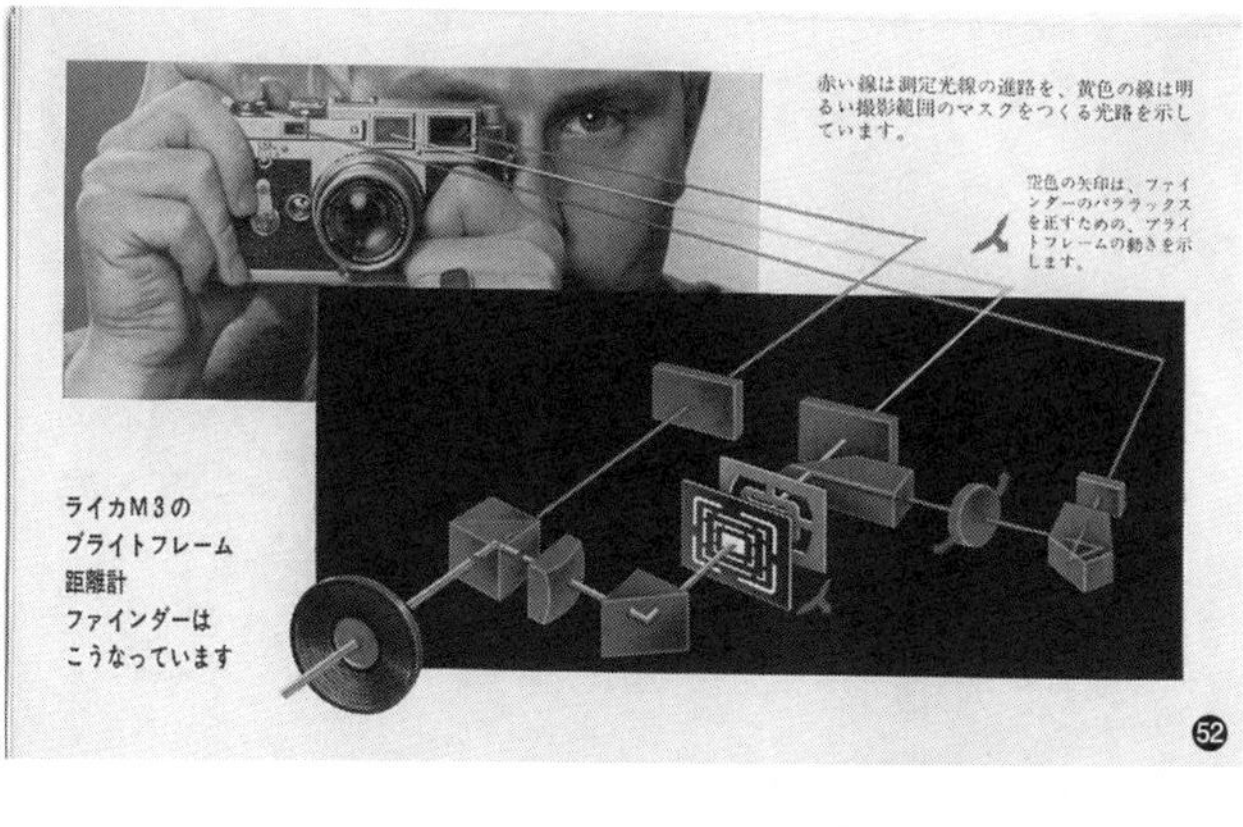
赤い線は測定光線の進路を、黄色の線は明るい撮影範囲のマスクをつくる光路を示しています。
ライカM3の
ブライトフレーム
距離計
ファインダーは
こうなっています
52

52——ライカM3の光学系。距離計連動カメラのファインダーとしては、現在でも最高峰という評価を得ている。

だと六角形をひとつ飛び越さないと識別できない。隣り合わせだとヒトツの点にしか見えないのだ。

タテ線クイチガイ識別は、上から下がってる線と下から伸びてる線が作る段差を識別すればよい。

線というのはバックの上の黒い線だ。ノギスなら鋼鉄の肌の上に刻まれた黒い線だ。それに光があたって、目に見える、つまり視細胞の上に来て、知覚される。つまりタテ線クイチガイは、視細胞の上で見ると、光の当たってるトコと当たってないトコのクイチガイだ。

ハチノス構造の中で、六角形の、端のほうだけでも当たってるヤツ、それとゼンゼン当たってないヤツがビッシリ並んでる。当たってるヤツと当たってないヤツの境界でも、段差が起こってる。

実験してみると、この段差は、六角形の一つ分より、かなり小さい。0・005ミリを2掛けるルート3で割った値になる。

この値を挟む視角は20秒

0・005ミリを挟む視角は1分

だから、タテ線クイチガイ識別視力は、2点識別能力の3倍なのだ。だから、上下像合致式は、フツーの二重像合致式、つまり二点識別式より、3倍の精度があるのだ。

ライカM3の有効基線長は、68・5ミリ×0・91倍イコール62・3ミリ

コンタックスII型の場合は90ミリ×0・7倍イコール63ミリ

これだけだとコンタックスの勝ちだが、どっこい、この上下像合致式が効いてくる。

62・3ミリ×3倍イコール186・9ミリ

53——コダック・エクトラ。距離計の有効基線長は実に105ミリ×2・2倍で230ミリもある。

コンタックスの中で基線がいちばん長いI型の初期のもので101・7ミリしかない。ライカM3より有効基線長が長いものは、おなじ上下像合致式を採用したコダック・エクトラしかない。

これは105ミリ×2・2倍で230ミリもある。エクトラの中身の設計者のヨゼフ・ミハリ（Joseph Mihalyi）のコダワリなのだ。

このミハリは興味深いオトコだし、エクトラの外側の設計はボーイングの旅客機とか、幻の名車マーモンV16で有名なウオルター・ドーウィン・ティーグ（Walter Dorwin Teague）だが、このハナシはまた別の機会にしよう。

この上下像合致式というのは、軍用の測距儀に一般的に使われてる方式で、射撃のときに正確にターゲットまでの距離をはかるのに精度が要求されるから、みなこの方式を使った。

ツァイスの測距儀も、もちろんこの方式だ。

## 3種類のフレーム

M3のファインダーは、付けたレンズの焦点距離に対応して、ファインダーの光像マスクが自動的に変わるし、パララックスも自動補正される。総合すると、今まで市場に出たカメラに付いてる中では、サイコーのもので、これ以上のヤツは現われてない。

ファインダーカメラは、これからもあまりハヤラないだろうから、M3のファインダーは空前で、しかも絶後だろう。

M3の名前は、メスズハーカメラMessucherkameraのMで、Messは計測、

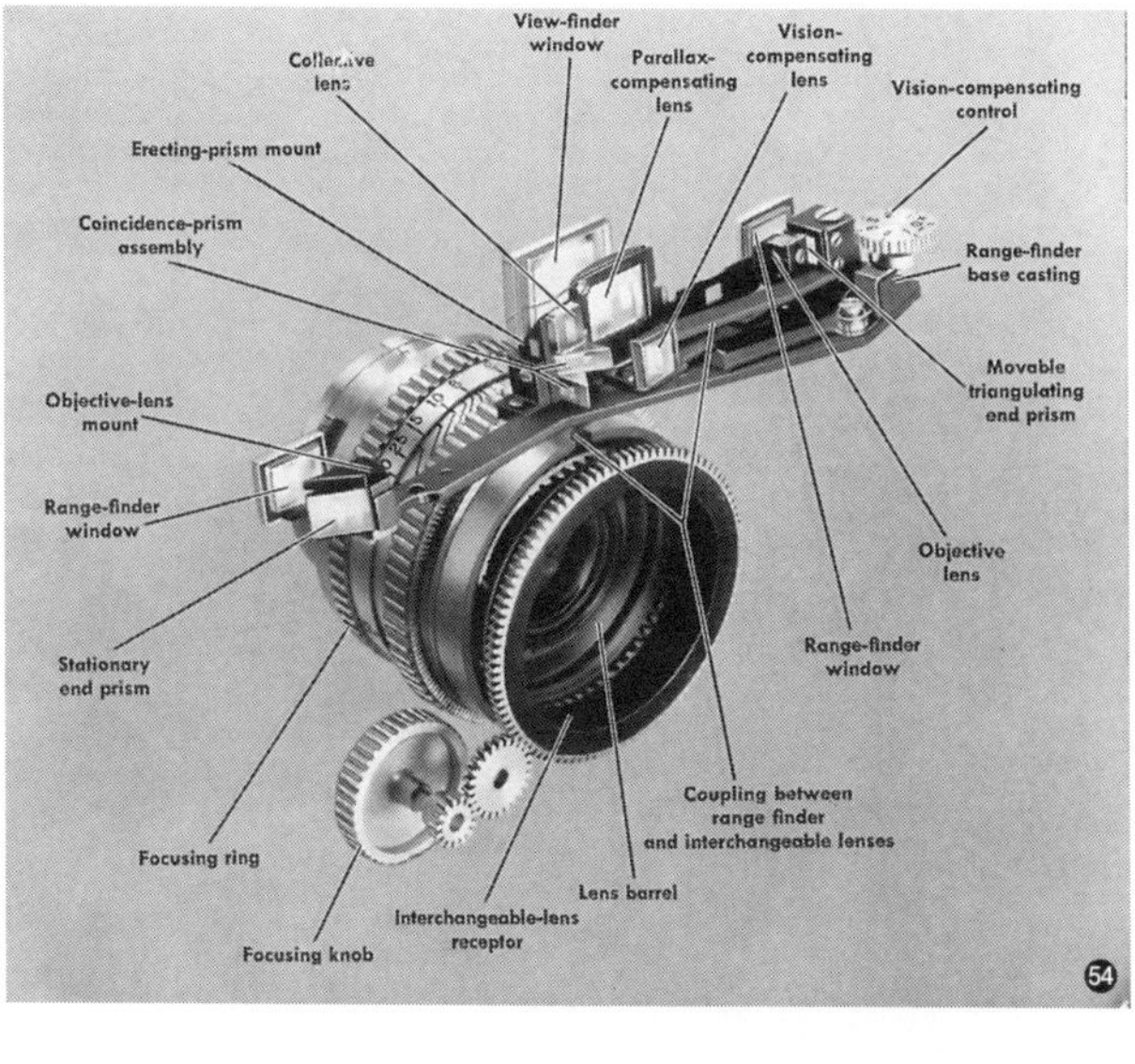


54——コダック・エクトラの距離計内部構造写真。設計者のヨゼフ・ミハリのコダワリのカタマリである。

sucherはファインダーだ。

このMesssucherは、ツァイス・イコンが、コンタックスII型の広告で初めて使ったコトバで、最初はカッコに入れて、ファインダーと距離計が一体になったものという注をつけてた。

M3の3は、50ミリ、90ミリ、135ミリの3種類の焦点距離のフレームが出るからだ。

ライカ研究家の中川一夫が、木村伊兵衛のハナシをウノミにして“more rapid, more convenient, more reliable”だとデタラメを書いて、あとになって訂正してるが、英語のキャッチコピーの字を形式名に使うなんて思ったのは、ちょっとジョーシキはずれだ。

M3にもバリアントがあって、700000から785800までのいちばんハヤイものは、フレームのプレビューレバーがない。

その中でいちばん初期の700600ぐらいのヤツは、マウントリングを4本のビスで止めてる。これはあとで5本になる。それに距離計の窓枠がグンカン平面からちょっと上がってる、フィルムガイドレールが2本だけ、スプロケット軸が細い、内部塗装が光沢ブラック、こんなコマカイ点が違う。

785801から854000のロットになると、プレビューレバーが付く。このロットまではシャッタースピードが旧系列で、1、1／2、1／5、1／10、1／25、1／50、1／100、1／250、1／500、1／1000だ。

そのつぎの第三期の854001から1206999までのロットは、スピードが国際系列で、1、1／2、1／4、1／8、1／15、1／30、1／60、1／125、1／250、1／500、1／1000になる。

このM３は、ハイエンド・アマチュアにすごくウケた。それはアタリマエで、彼らをターゲットにしたカメラだからだ。

50ミリ、90ミリ、１３５ミリというフレーム設定を見ろ。アマチュアっぽいだろ。

## プロの注文に応えたMP

でもプロも、このM３には興味を持った。特に報道関係だ。

アルフレート・アイゼンシュテット（Alfred Eisenstaedt）が、M３にほれ込んで、いろいろ改造の注文を出した。

彼は19世紀末、いまはポーランドになってるプロイセンのディルシャウに生まれたユダヤ人で、初めのほうで言ったベルリナー・イルストリールテとかに写真を載せて、有名になった。

ベルリナー・イルストリールテの総編集長クルト・コルフと、写真編集長クルト・ザフランスキが、アメリカの出版屋ルースに引き抜かれてライフを立ち上げると、アイゼンシュテットはすごい数の写真を、ライフに載せるようになった。デヴィッド・ダンカンなんかが、まだ駆け出しのころだ。

アイゼンシュテットは、報道写真を芸術にしたオトコだと言われている。

その彼が出した注文は、こうだ。

底蓋にライカビットを付けろ。これは連続撮影をハイスピードでやりたいから。それと、セルフタイマーはいらない。

この注文を受けてライツ社が１９５６年に作ったのがMPだ。

こういうトコ見てると、ライカって、シニセのお菓子やさんみたいに、特注うけて特別なモノ作る会社、てか、店というほうがフサワシイ、そんなメーカーだなー、と思う。

生粋の職人さんの集団なのだ。それも名人芸ばかりの。鋼鉄のシリンダーの中心に丸い穴を空けて、その穴と同径の鋼鉄のボールを穴の上に置く。ボールは下半分を穴に沈ませてジッとしてる。アブラやって、そのままにしとく。翌日、ボールは穴の底まで沈んでる。

ライツ社で、新人を訓練するために、熟練工がやって見せた芸らしいが、こーゆーことがアタリマエにできる連中の集団なのだ。

たとえば伝統の和菓子屋、生粋の職人集団。

あさってのお茶会は、こういう趣向で、こんなモン作っておくれやすか？

へえ、かしこまりました、よろしおす、10時にはお届けさしてもらいます。

これがツァイス・イコンみたいな大会社だと、こうは行かない。コマワリが効かない。ご意見がおありなら、書面で、ナントカ部にお出しください。そんな具合になるだろうな。

ＭＰは特注品なので、最初のライカから続いてるシリアルナンバーからハズしてある。台数は４５０台限定。

## さらに進化するバルナック型、M型

このあと１９５８年に、ＭＰから発想したＭ２が出る。

55

56

55——アルフレート・アイゼンシュテットの発案で生まれたプロ用ライカM3と、いうべきＭＰ。内部の歯車は鋼製で、ライカビットＭＰで迅速撮影が可能である。

56——ライカＭ２極初期型。ライカＭＰ製造終了を受けて、１９５７年に２００台が製造された。製品ポジション的にはライカＭ３の廉価版だが、ＭＰと同様、ライカビットＭＰが使える。写真のＭ２は製造番号１９２番。

このファインダーのフレームには、１３５ミリの代わりに35ミリが入ってる。だから35ミリ、50ミリ、90ミリの3種類のフレームだ。

焦点距離50ミリのフレームは、Ｍ３ではいつでも見えてたが、Ｍ２になると、付けたレンズのフレームだけが見える。

35ミリの視野に対応するために、メスズハーの倍率が０・75倍になった。つまり有効基線長が短くなったのだ。

倍率が変わっただけじゃない。メスズハーの構造もうんとカンタンにした。メスズハーの光学系は、ボディのエレメントの中ではいちばん複雑で、コストもかかる。それをカンタンにした。だから、ボディのネダンをＭ３より20パーセントほど値下げした。

１９５９年には、Ｍ１が出る。これはＭ２からメスズハーをハズしたもので、学術用。

Ｍ型がこうやって発展しているあいだに、バルナック型も発展して、１９５８年にはⅢｇが出る。

これはⅢｆの改良型で、ファインダーに50ミリと90ミリのブライトフレームが出る。パララックスも自動補正になった。シャッタースピードもＭ３の第三ロットに合わせて１／30のある国際系列。

最大のチガイは、フラッシュの同調で、Ⅲｆの複雑なリング操作がぜんぶ無くなった。代わりにスピードダイヤル

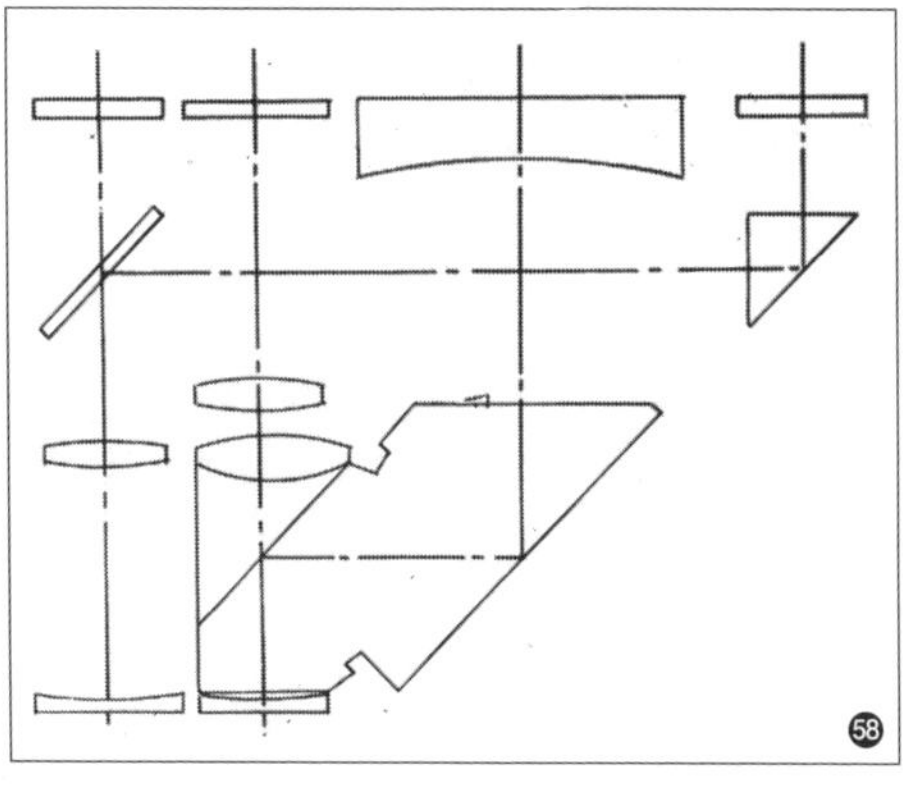

57―ライカⅢｇ。Ⅲｆの改良型で、ファインダーに50ミリと90ミリのブライトフレームが出る。パララックスも自動補正になっている。バルナック型ライカの極致ともいうべきだろう。©WestLicht-Auction

58―ライカⅢｇの光学系図。コンパクトなバルナック型ボディに、50ミリと90ミリのブライトフレームや、パララックスの自動補正を組み込んだ。ライツ社のカメラ作り技術の、レベルの高さを証明している。

の黒矢印（1／50秒を示してる）に合わせるとストロボとショートピークのフラッシュバルブに、赤矢印（1／30秒を示してる）に合わせるとロングピークのフラッシュバルブに同調する。

Ⅲgはバルナックライカのカワイイ系ボディに、これでもかと光学・機械系の新機能をギュウヅメにした機種で、ここまでやったのはミゴトだ。

ライツ社のカメラ作り技術の、レベルの高さを証明した機種だ。

いっぽうM型のほうは、しばらくオトナシクしてたが、１９６７年になって、Ｍ４が出る。

これは35ミリ、50ミリ、90ミリ、１３５ミリの4種類のフレームが出るのが特徴。でも最大の特徴は、フィルムローディングがモノスゴクやり易くなった。

フィルムの端を、巻き上げスプールのマンナカに来るぐらい引き出して、底から入れて蓋を閉める。以上終わり。あと巻き上げてゆけば、自動的に2コマ目でカウンターが1に来る。バルナック型ライカ以来の最大の欠点が、解決されたのだ。

巻き戻しも、ノブじゃなくって、クランクになった。しかもマワシやすいように、ボディの肩にナナメに付けてある。

Ｍ４になって、Ⅲcからオナジミの、エプロンが無くなった。スッキリしたというヤツと、いや、いままでのほうがイイと言うヤツがいる。どっちもどっち、ということは、大差ナシということだ。

Ｍ４は１９７５年にヤメたが、プロからは、もっと続けろという意見がたくさん出た。だから１９７７年にＭ４－２を出す。

セルフタイマーを無くしてホットシューを付けて、モータードライブ対応にした。プ

㊾——ライカＭ４。ライカＭ2のファインダーを基礎に開発され、35ミリ、50ミリ、90ミリ、１３５ミリと、４種類のフレームが出るのが特徴。

ロ・ユーザー向けに特化したのだ。あとはM４と同じ。

これがまたギョーカイでは評判よくて、１９８０年にはM４－Pを出す。M４－２のファインダーフレームを増やして、28ミリと75ミリを追加したモデル。これで28ミリ、35ミリ、50ミリ、75ミリ、90ミリ、１３５ミリと、６種類のフレームが出るニギヤカなカメラになった。

## 戦後世代に受け入れられたM5

ちょっと時間を戻すと、１９７１年にM５が出る。初めてのTTL測光モデルだ。撮影するときに、CdSを付けたマッチ棒を平たくしたみたいなアームが、ピント面に出てくるシカケ。ファインダーの中に測光情報が出る。

これがマタ評判のわるい、いや、出た時が悪かったカメラで、ベントー箱みたいだと言われた。たしかにそれまでのMシリーズに比べると、ヒトマワリ大きい。それに角ばって、コンタックスのデキソコナイみたいだ。

なによりも、M型伝統の、ボディとレンズの大きさのバランスの悪さ、それがチョー拡大されて、ちっちゃいレンズにダダっぴろいボディフロント、

60——ライカM４－２。モーターワインダーを標準装備した。

61——ライカM４－P。28ミリ、35ミリ、50ミリ、75ミリ、90ミリ、１３５ミリと、６種類のフレームが出る。

コレがめちゃくちゃマヌケに見える。

バルナック型からM型に移るときに、高いハードルを越えさせられて、シブシブ付いてきたライカファン。連中も、ここで2番目の、また一段と高いハードルに行きあたって、エー、またかぁ、もうカンベンしてくれよぉ。そんな感じだったに違いない。

設計主任はハインリヒ・ブロシュケ（Heinrich Broschke）というオトコだが、こいつが病弱で、休んでばかり。やっと製造開始になるころには、CdSアームそのものが、もう時代遅れになってた。製造をヤメとこ、そんな意見も出たぐらいだ。

でも、モウあとへ引けない状態になってた。

測光システムを組み込んだので、コストもうんと高くなる。労賃の高いドイツで作ると、赤字になるのだ。そこで中身のパーツを外国で作ることを考えた。チュニジアも候補に出たが、いろいろしらべて、ポルトガルに決まった。

50年代ごろから、ドイツでは労働力不足で、ダイムラー・ベンツなんかでも、外国人労働者を雇ってた。これの供給元はイタリア、バルカン諸国、イベリア半島のスペイン、ポルトガルなどで、ドイツより生活レベルの低い、ということは出稼ぎ労働者の多い国だ。

こういう出稼ぎをガストアルバイター（Gastarbeiter）という。お客労働者だ。その供給元のひとつの、ポルトガルを選んだのは、ワリト労働者の質がいいからだ。

ポルトガルからドイツへ呼ぶと、ドイツ並みの給料を払うことになる。それではナンニモならない。だからポルトガルに出て行って、工場を作った。ほかのドイツ企業も、かなり進出してる。土地もドイツと比べてうんと安いし、国情も安定してる。

コスト面はこれで大丈夫になったが、設計の欠点はダメのまま。

まずモータードライブが付けられない。

それから受光アームにジャマされて、ウシロが長い一部の広角レンズが付けられない。

それに、だいいち、大きすぎる。こんなモン、ライカじゃない。

それがライカを知ってるユーザーの意見だった。

でも若い連中は、ムカシの洗練されたライカを知らない。

ＴＴＬできるライカ、いいじゃん。

デカイっていうけど、一眼レフよりちっちゃいよ。

それによく写るじゃん。たしかにライカの名レンズが付くから、写りはバツグンなのだ。

この若いグループの中には、プロもいた。

そして彼らのＭ５の評価は、ワルクなかった。

彼らが、てか、彼らの世代が、Ｍ５を受け入れた理由。それは、生活過程のなかでの、商品の意味が、変わったからだ。

彼らは、１９４５年の終戦からあとに生まれた。１９７１年にＭ５が出たとき、彼らは26歳だった。成人して、収入ができて、イロイロ商品を買う年代になったのだ。しかし、商品の意味のなかに、美とか洗練とかは、求めなかった。

ムカシは違った。むかしにも、そしていつ

光の創る美を写そう
光の諧調と　色の
コントラストから
すぐれた
写真が
生まれ
ます
夜の
くらい
消え残る
灯の下でも
レンズを通す光を
精確にはかる ライカ M5
賢明なフォトグラフアーが選ぶ
LEICA M5
Leitz
WETZLAR

ライカ・レンズ群

㉒――ライカＭ５。ライカＭシリーズ初のＴＴＬ測光モデル。デザインが大きく変わったことでライカファンの間では不評だったが、使用者の中には最高に使いやすいＭ型ライカとの評価もある。
㉓――ライカＭ５と、交換レンズ群。

でも、若者はいたが、彼らは商品に美を求めた。洗練を求めた。それが商品に反映されて、ムカシの商品は美しかった。デザインが洗練されていた。

戦後生まれの世代にとって、商品の意味は、「実用」だけに収縮したのだ。

もちろん彼らにだって、美は、洗練は、理解できる。だからタマに美しい商品が現われると、熱狂的に支持する。

彼らがやっとハタチに成りかけの１９６４年に出た、ポルシェ９１１やフェラーリ２５０ＧＴルッソ、これらの比類のない、流麗きわまるスタイリングのクルマに、彼らはどれだけ強くアコガレたことか。

# 第11章 ライカの現代

## 一眼レフの登場

さて、と。

ハッキリ言って、一眼レフは、どれを見ても醜い。

それが受け入れられて、市場を急速に拡大したのは、実用だけのカメラを受け入れる時代、そんなすごくいいタイミングに、それが現われたからだ。その時代の感覚、つまり消費者のココロの集合に、アクセプトされたからだ。

このテのカメラの源流にちかいニコンFが出たのは、1959年、戦後世代がティーンエージャーになったときだ。亡者がサンカクのキレ付けて出たみたい、と木村伊兵衛あたりがワルクチ言ったのも、この時だ。戦前世代の感覚は、アレを受け付けなかったのだ。

そして戦後世代が社会へ出て、商品が、カメラが買える年齢になった1960年代の初めから、一眼レフは急成長している。

ライカでもこの状況を見て、1965年にライカフレックスを出してる。

64

64――ニコンF。全ての完成された一眼レフの始祖とでもいうべき存在で、日本製カメラの技術の高さを世界に示した。

1968年には、TTL測光にしたライカフレックスSL。

1974年にライカフレックスSL2。これは暗いときにペンタ横のボタンを押すと露光計の針にライトが当たる。

1976年にはフレックスというのをやめてタダのライカになったR3。これはミノルタXEのキモノを変えたカメラだから、電子制御コパルシャッターでAEとマニュアルの選択式だ。

1980年がR4、1983年がR4sというR4のスペックダウンモデル、1985年にそれの2型、1986年にR5、ハッキリ言ってこのころのライカRはツマラナイ。でも1987年のR6でココロを入れ替えてマニュアルに戻り、シャッターも機械式になった。

1990年にはR-EというR5のスペックダウン機が出るが駄作。1991年にR6・2で、これは1/2000までになった。1992年R7で、コパル電子シャッタ

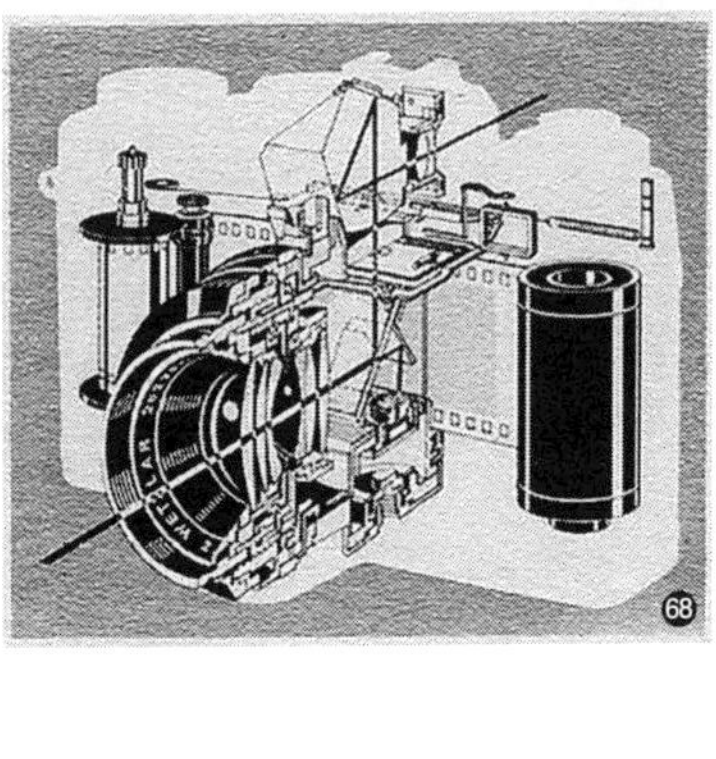

65——1965年発売のライカフレックス。外部測光式で、TTL測光システムを備えた日本製一眼レフに比べて、技術的に見劣りがした。
66——TTL測光式になったライカフレックスSL。
67——ライカフレックスSLを改良したSL2。写真は、モータードライブ対応モデルのSL2-MOT。
68——ライカフレックスSL2の内部構造図。TTL測光のシステムを示している。

ーに戻り、さて、この次が、もいちどココロを入れ替えたライカから、ライカらしい傑作、R8が出る。

1/8000までの電子シャッター、ストロボ1/250のハイスペックだが、ナニヨリそのスタイリングがイイ。工業デザイナーのマンフレート・マインツァー(Manfred Meinzer) が手掛けた傑作だ。

イメージは銀行強盗が覆面かぶったトコ、だそうだ。ひさしぶりにツァイス・イコン伝統の怪物テイストが、ブランドの垣根を越えてよみがえった感じがする。

レンズ内蔵の演算機構からの電子情報をボディで受けて、正確なシボリを決定するスグレモノで、ここでやっとライカ伝統の先進性が出た。2002年のR9はR8とおなじカッコいいスタイリングで、マイナーチェンジのモデルで、デジタルモジュールも用意された。その後、最新型の超弩級デジタル一眼レフ、ライカS2もマインツアーがデ

69

70

71

69――ライカR3。ミノルタXEをベースにしており、電子制御コパルシャッターでAEとマニュアルの選択式になっている。

70――マンフレート・マインツァー博士のデザインによるライカR9。デモーニッシュでモダンなデザインは、数あるカメラデザインの中でも秀逸。写真のR9はデジタルモジュールRを装着している。

71――マンフレート・マインツァーのデザインによるライカS2。ライカR8、R9のデザインを踏襲した超弩級の性能を誇るデジタル中判一眼レフ。

ザインした。

さて、１９６９年のフォトキナでミノルタの部長とライツ社の人間がコンタクトしたのキッカケで、ミノルタとの提携に発展するんだが、Ｍ３のヴィリー・シュタインのグループが考えた、大衆向けの安いモデル、ライカＣＬを作ってもらうのが提携のメインな目的だ。これの副産物で、さっき言ったミノルタの一眼レフの着せ替えモデルも出たが、あんなもんはライカじゃない。

## 第2次大戦後失われた美と洗練

ハナシを戻そう。

美と洗練。

それが社会のココロから消えたのは第二次大戦のあとだ。

なぜか。

第一次大戦は、アンシャンレジームの崩壊におわった。

オーストリア、ドイツを中心にした旧勢力。

神聖ローマ帝国の栄華の精髄を、ひきついだ文明。

上流社会の風俗が、習慣が、文化が、まだ残っていた社会。

それが崩壊したのだ。

でも第一次大戦が終わったあとも、その夕焼けに似た残光は、残っていた。１９２０年代、30年代の、ミヤビな社交界。夜ごとの舞踏会、オリエント・エクスプレスの典雅な車内。つまり「上流」の文化が、まだ残っていたのだ。

その「美」は、なんと、第二次大戦の戦場にまで、血と騒音と死と闘争の中心にまで

72 ――ミノルタとの提携で生まれたコンパクトライカ、ライカＣＬ。使用できるレンズに制限はあるが、性能や使い勝手の良さはＭ５と同等。

持ち込まれた。

ナチス第三帝国の軍服の、壮麗としかいいようのない、優れたデザイン。

フーゴ・ボスの作りだしたスタイルのなかに凝縮された、端麗、勇壮、そして典雅の域にまで達した力の充溢。

ナチスの軍服が、そして付随するコモノまでが、戦後70年ちかく経ったいまでさえ、コレクターズアイテムであることが、なによりも雄弁に、そのことを証明している。


さて、またハナシを戻す。

上流社会の風俗、習慣、文化。

第二次大戦が終わって、それは完全に消滅した。「上流」は、消えた。同時に、美と洗練も消えた。

そして、下層階級の生活感覚が、通念が、社会に充満した。

それは「美」を知らない。「洗練」を知らない。いや、生活過程での商品の意味の中に、美や洗練を求めない。

醜いデザインの商品でも、ヘーキで使うのだ。実用的なら、機能的なら、便利なら、なんでもいいのだ。

ハモノはよく切れればそれでよい。

カメラはよく写ればそれでよい。

たとえ踏みつぶしたカエルみたいに醜くても。

それは若者の感覚だ。そして下層階級の感覚だ。

考えてみるがいい。若者は、石器時代から、常に社会の下層階級だったのだ。

中流は、すこしカネのできた下層階級に過ぎない。上流とは、生活感覚が違う。

下層でも、中流でも、「美」を理解することはできる。でも「洗練」を理解することはできない。

何代も続いた、幽霊の出そうな大邸宅。

重厚で華麗な、先祖伝来の調度品。

どれも一流の、博物館クラスの名作。

それを小さいコドモのころから見てるうちに、美の認識が生まれる。さらに、美に対する、批評的なタイドがうまれる。比較して、どっちがイイ、どっちがワルイという判断が生まれる。

そんなステップの、数限りない積み重ね、それが「洗練」なのだ。てことは、そんな環境のなかからしか、「洗練」は生まれない、ってことだ。

まだあるぞ。

そんな名品ばっかり見て楽しんで比較してるうちに、飽き足らなくなってくる。

もっと破格のもの、しかも卓越的に美しいもの、フツーの美しさの、その向こう側にあるものを求めることになる。

そして、「退廃」に行き着く。美の究極、それは退廃に繋がっているのだ。

クダモノだと、熟して熟して熟しすぎて、腐りカケの状態、それが「ウマさ」というフツーの美の果てにある、腐敗への一歩、「退廃」なのだ。

つまり洗練の端の端っこ、末端には、退廃の影があるのだ。

それがホントの洗練なのだ。

## クローム・ライカに潜む退廃の影

クロームライカには、そんな洗練があった。

あやうく退廃の影が、仄かにチラつくか、と思わせるほどの、洗練があった。

でも、例えばM5には、洗練なんかない。マッチョなメカっぽさはある。でもそれは、洗練からは無限に遠いものだ。

M5の次に出たM6で、ライカは少し軌道修正する。でもM3やM4路線には戻らない。

新しいコンセプトにもっと忠実に、ファインダー窓のフチ飾りを削ぎおとす。ツケマを捨てる。バロック的な昨日に別れを告げる。

M7、M8、M9と来て、この傾向はもっと強くなる。明快な、スパッと容赦なく切り捨てたファインダー窓、ヒトエマブタのフチ。

それはエディシオン・エルメスでも、それにあの豪華絢爛の、セリエ・リミテ・ジャン・ルイ・デュマでさえ、おなじなのだ。

いちばんバロック的、いや、ロココ的であっていいはずのこんな特別バージョンでも、新しいコンセプトに合った現代ルックスでやってるのだ。


洗練を生むのは、大邸宅や調度品だけじゃない。

そんな環境の中の、限りない自由な時間から生まれるのだ。

労働に束縛されない時間からだ。

そんな大邸宅のアルジ。

彼には労働なんかない。

家を運営するための仕事、財産や召使の管理。果ては納税トカの雑務まで、一切は家令がとりしきる。家令の下には、何人もの家扶がいて、仕事を分担する。つまり本人は、なにもやることがない。

働かなくても、ありあまる財産は、使用人が自動的に増やしてくれる。

ラテン語の読書なり、美術品の観賞なり、スポーツなり、自分の世界に、好きなだけの時間を使える。上流階級なのだ。

大邸宅プラスそんなものを含めた生活環境。その中からだけ、洗練が、そして退廃が生まれるのだ。

下層階級はもちろん、中流だって、そんな環境には、いない。まず働かなければならないからだ。

そんな上流の、洗練と退廃の審美眼に合ったデザイン。そんなデザインの商品が、むかしはケッコウあった。

さっきも、言ったよね。

クロームライカも、そのひとつだ。

ロールズ・ロイス・ファントムだって、

イスパノ・スイザのクルマだって、そのひとつだ。

オリエント・エクスプレスのダイニングカーだって、そのひとつだ。

第二次大戦のあとの時代、そして現代、そんな商品は、あまりない。

なぜなら、上流階級が、ほとんど絶滅したからだ。

日本の皇室、英国の王室、そんなトコだろう。

産油国の王様とかが、上流かどうかはワカラナイ。お金があるのはワカッテるが、教養とか趣味とかが判らない。

上流の洗練と退廃の審美眼に合った商品。

そんなデザインの商品は、いまはあまりないと言った。

でも、少しはあるのだ。

高級ブランドものがそうだ。

ショメーのジュエリーはそうだ。

クラウン・ジュエラーとして、世界中の皇帝や国王の王冠を作ったショメー。そこの宝飾品は、そんな商品だ。

さっき言ったいろんなブランド品も、その仲間だ。

それが日本で、なぜあれだけ大量に売れるのか。

ヨーロッパでは、すこししか売れない。上流階級しか、買わない。身分意識が、浸透してるからだ。「分に過ぎることをしない」という意識が、シッカリと、コドモの時から植えつけられてるからだ。

だから下層階級は、エルメスやルイ・ヴィトンを買わない。中流だって買わない。

下層や中流は、カメラだって、アグファとか、コダック・レチナとか、そんなモンしか買わない。

ライカは、下層や中流にとっては、分に過ぎるのだ。カネの問題じゃない。それを買うのが、身の程知らずの行為だからだ。

それに、ヨーロッパの下層や中流には、美意識の洗練がない。美しいものを見分ける能力はある。でも洗練となると、ない。

## 日本人の美意識

それに比べて、日本人は、下層や中流にも、美意識の洗練がある。美しいものがワカルと同時に、趣味が洗練されている。

しかも身分意識が少ない、というより、現代では、皆無といっていい。

「分に過ぎることはしない」という感覚がない。それはヨーロッパでは一種の道徳なんだが、そんなものは、日本人には、まったくない。

ショメーのネックレスであろうが、エルメスのバーキンであろうが、ライカであろうが、少しガマンしてカネさえ貯めれば、ヘーキで買う。

なぜ日本人には、下層や中流でさえ、美意識の洗練があるのか。

それは日本文化のオカゲなのだ。

もともと、日本は江戸時代から「芸事」(あるいは趣味と言い換えても良い)に、階級差の感覚が薄い、いや貴賤が無かったといってもイイ。そのため、われわれ日本人は、あらゆる洗練されたものに、取り囲まれて育って来ている。

ヤスモノのアパートぐらしでも、コドモのときに、お茶やイケバナを習ったりしてる。ブルーノ・タウトがいうように、神社というのは、建築史上では類のない洗練なんだが、それに日常、アタリマエに接している。コドモのときに、その境内で遊んだりしてる。

ソバヤに行っても、ちゃんとしたトコでは、利休箸という、手の込んだ加工をした、洗練の極致みたいな食器に、触れている。

その辺のカフェに行ったって、けっこう趣味のいい食器に触れてる。ちょっとした料理屋の網焼きのコンロには、謡曲本の反故紙が貼り付けてある。

ワビ、サビという逆説的美学の伝統が、ハデな成金趣味の逸脱を抑えている。身辺の日常的なモノの質が、文化的洗練の度合いが、オソロシク高いのだ。日本という国は。

家の中だけじゃない。地下鉄とかの乗りものだってデザイン的な名品だし、街は清潔、建築は端正、文明のレベルが、すごく高いのだ。

大邸宅に住んでなくたって、重文クラスの調度品に触れてなくたって、それにハタラキテ時間を拘束されてたって、イヤでも、美意識が洗練されて来るのだ。

エルメスやルイ・ヴィトン、それにライカを買うのだって、スノビズムで、ワケもわからずに買うんじゃない。そのヨサがワカルから買うのだ。

日本みたいに、バルナックライカの中古品が、いまだに大量に流通してる国は、世界的にもあんまりないが、それは日本人が、あの洗練のヨサが、かすかな退廃のニオイが、ワカルからなのだ。

M型の中古品だって、新しい時代の美意識を反映した、メカっぽいヨサ、マッチョな美点がワカルから買うのだ。

すべては、最後は、美意識の一点に帰着するのだ。撮影という実用は、その途中の経路に過ぎない。よく写るから、は入口で、究極的には、カメラが美しいから、スガタカタチがヨイから、買うのだ。そしてライカは、ライカこそは、その美しいカメラの、極致なのだ。

## ライカが体現する美と洗練

普通のカメラなら3台ぐらい買えるネダンを平気で通してきたライカ。いまでも、そして将来も、そんな高値のライカ。でも別格カメラとして、それが許されちゃうライカ。

なんでライカは、そんなブランドカメラなのか。

神聖ライカ帝国は、なぜ神聖なのか。


それをまとめよう。

第1に、写真ジャーナリズムの勃興期に生まれて、たくさんの有名ジャーナリストに愛用されたから。

なぜ愛用されたか。よく写る、だけじゃなくって、持ち運びに便利な、ちっちゃなカメラだったから。

第1の論点をもっと圧縮しよう。

ライカは、性能がよくて、はアタリマエとして、「小さいから」、デビューに成功したのだ。


第2は、第二次大戦に、ドイツ軍の宣伝中隊で800台ほど使われて、大雨だろうがドロまみれだろうが、ヘーキで使える頑丈さを、実証したから。

これを圧縮して言うと、

「頑丈」


第3に、クローム仕上げのII型以降の、複雑華麗なグンカンを乗っけたライカが、宝飾品なみの美しさを持っていたから。

圧縮すると、

「美しい」

第4に、その優美なカメラのスタイリングが、洗練されていたから。

圧縮すると「洗練」

以上を圧縮すると。

性能が良くて小さくて頑丈で美しくて洗練されてる、それがライカで、そんなカメラはホカにない。

性能が良くて小さくて頑丈、までなら、ホカにもある。

でも美しくて洗練されてる、カメラは、ホカにはない。

美と洗練の2点で、ライカはその独自性を保っているのだ。

神聖ライカ帝国は、実にその2点で、成立しているのだ。

美しくて洗練されてる、それは高級ブランド品の共通点だ。

機械モノだと高級腕時計、高級車。

革製品でも服飾品でも、すべて。

「美しくて洗練されてる」ことで、その地位を保ってる。

美と洗練。

ライカが生まれたワイマール共和国から、第二次大戦まで、「美と洗練」は、優雅な、繊細な、フェミナンつまり女性的なものだった。

バルナック型の、II型以降のクロームライカは、その美と洗練を体現してた。

第二次大戦のあと、「美と洗練」は、カタチを変えた。メカニカルな、シャープな、力強い、マスキュランつまり男性的なものになった。

M型、R型シリーズ（これには例外アリ）のライカは、この新しい「美と洗練」を体現した。

その現代の「美と洗練」の深い底に、ほのかにスガタを見せてるもの、それはやがて、その発展の絶頂に到達しようとしてる、資本主義なのだ。

壮麗の大都会の中心で、最高の塔のなかに閉じこもって、不眠不休で、ギガワットメーターの整列の前で、すべての価値再生産過程の、無窮の拡大の設計図を描くのに、没頭してる資本主義。全知全能の、現代の神。

その現代の神こそが、この新しい「美と洗練」の、限りなく深い、深い限りない底に、まるで潜在意識のように、隠れているのだ。

「美と洗練」という、例外的で普遍的な価値を、特定の商品に独占させることで、華麗な花々を、市場のステージに、マルクスの言うフェティシズムの楽園に、咲かせているのだ。

主要参考文献

Stüper, Josef *Die Photographische Kamera*, 1962, Springer, Wien
*Prestige de la Photographie, Leica*, quatrième partie, 1978, Éditions e.p.a.,Boulogne
Sartorius, Ghester *Carta d'identita delle Leica*, 1995, Editrice Reflex, Roma
小倉磐夫『現代のカメラとレンズ技術』（写真工業出版社、１９８２年）

◉コラム1

# 石原莞爾とライカ

森　亮資

石原莞爾といえば、帝国陸軍の異端児として知られ、関東軍作戦参謀として、板垣征四郎らとともに満州事変を起こした首謀者であるとか、『世界最終戦争論』の筆者として知られる。最近は下火になったが仮想戦記モノでは大日本帝国のピンチには必ず登場して大活躍！　ついでに宿敵、東条英機を凹ませる……という具合の人気キャラクター（?）ぶりである。

　ところで、日本人で最初にライカを買ったのは石原莞爾であるという説がある。かなり信憑性のあるハナシで酒井修一の『ライカとその時代』（朝日新聞社、1997年）にも載っている、わりと知られたコトだ。

　ライカの発売当時、石原は在外武官としてドイツに留学している。石原は3年の留学を終えて、シベリア鉄道経由で日本への帰路、ベルリンのフォト・ザグゼでライカを購入したそうなのだが、その時に店員から、

「お求めになるのは見合わされた方がよろしいのでは？　これは、ライツが例の距離計を売るために作りだしたもので、大したカメラじゃありません」

と、いわれたというのだ。

で、そのライカは製造番号500番台で、希少なエルマックス付きだったに違いないとか、現存していれば、石原莞爾への人気も相まって相当な高値になるとか……フツーのライカファンなら、そこに興味がわくだろう。

　しかし、僕の興味は別のところにある。酒井

❶――石原莞爾。1925年、ドイツ留学を終えて帰国するとき、その年発売になったばかりのライカを日本人として初めて買ったといわれる。

も注目していないコトだがフォト・ザグゼの店員が石原にいった、

「これは、ライツが例の距離計を売るために作りだしたもので……」

という一節である。つまり、カメラより先に〝例の距離計〟の方が先に発売されていたというコトになるのではないだろうか？　誰も、このことに言及していないし、僕にとって10年来の疑問だった。

それを解決したのが英国写真年鑑（B.J.P. Almanac）である。これは、わりと最近になって1920年代から50年代にかけて30数巻分をまとめて手に入れたものだ。

年鑑誌なので、発売の翌年に新製品情報が載るのだが、1926年には確かにライカ発売の記事と、広告が掲載されている。そして問題のエントツ距離計だが、ライカ発売に先立つこと1年、1925年の号に新製品として紹介されているのだ。つまり、距離計だけ1924年から発売されていたというコトになる。

これで、永年の疑問の一つが晴れたというわけだ。

だとすれば、ライツ二世がバルナックのカメラを製品化しようと決めてから、作業はかなり急ピッチで進み、先行して完成した距離計を1924年の早い時期に発売し、同年のクリスマスに併せて、ライカを市場へ送り出した……という根拠ある推測が成り立つ。

また、同時に重要なのが、アクセサリーシューの規格がカメラ発売前には既に決まっていたということである。連動距離計を備える前のライカには、距離計は必要不可欠なモノであったし、当初のライカにとってアクセサリーシューは、距離計を差し込むのが主な目的であった。

ちなみにA型ライカが世界で初めてアクセサリーシューを装備したカメラで、その規格は現在でも変わらず、あらゆるカメラが採用している。

まあ、枝葉末節な話かも知れないが、ライカは想像以上に周到な準備の積み重ねの上で発売されたことだけは確かだろう。

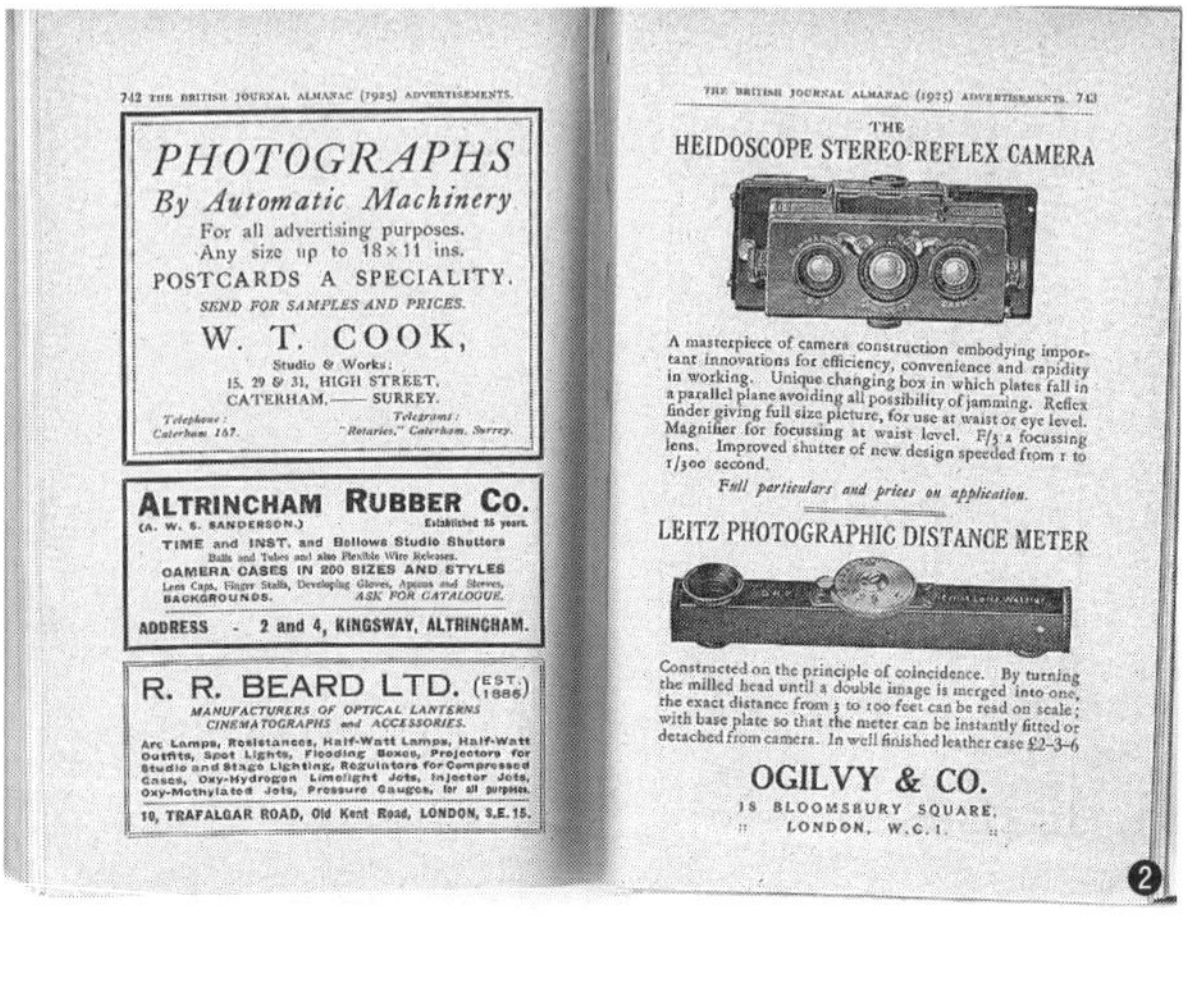
742 THE BRITISH JOURNAL ALMANAC (1925) ADVERTISEMENTS.

PHOTOGRAPHS
By Automatic Machinery
For all advertising purposes.
Any size up to 18×11 ins.
POSTCARDS A SPECIALITY.
SEND FOR SAMPLES AND PRICES.
W. T. COOK,
Studio & Works:
15, 29 & 31, HIGH STREET,
CATERHAM.—— SURREY.
Telephone: Caterham 167.
Telegrams: "Rotaries," Caterham, Surrey.

ALTRINCHAM RUBBER Co.
(A. W. S. SANDERSON.) Established 25 years.
TIME and INST. and Bellows Studio Shutters
Balls and Tubes and also Flexible Wire Releases.
CAMERA CASES IN 200 SIZES AND STYLES
Lens Caps, Finger Stalls, Developing Gloves, Aprons and Sleeves, BACKGROUNDS. ASK FOR CATALOGUE.
ADDRESS - 2 and 4, KINGSWAY, ALTRINCHAM.

R. R. BEARD LTD. (EST. 1886)
MANUFACTURERS OF OPTICAL LANTERNS CINEMATOGRAPHS and ACCESSORIES.
Arc Lamps, Resistances, Half-Watt Lamps, Half-Watt Outfits, Spot Lights, Flooding Boxes, Projectors for Studio and Stage Lighting, Regulators for Compressed Gases, Oxy-Hydrogen Limelight Jets, Injector Jets, Oxy-Methylated Jets, Pressure Gauges, for all purposes.
10, TRAFALGAR ROAD, Old Kent Road, LONDON, S.E.15.

THE BRITISH JOURNAL ALMANAC (1925) ADVERTISEMENTS. 743

THE
HEIDOSCOPE STEREO-REFLEX CAMERA

A masterpiece of camera construction embodying important innovations for efficiency, convenience and rapidity in working. Unique changing box in which plates fall in a parallel plane avoiding all possibility of jamming. Reflex finder giving full size picture, for use at waist or eye level. Magnifier for focussing at waist level. F/3.2 focussing lens. Improved shutter of new design speeded from 1 to 1/300 second.
Full particulars and prices on application.

LEITZ PHOTOGRAPHIC DISTANCE METER

Constructed on the principle of coincidence. By turning the milled head until a double image is merged into one, the exact distance from 3 to 100 feet can be read on scale; with base plate so that the meter can be instantly fitted or detached from camera. In well finished leather case £2-3-6

OGILVY & CO.
18 BLOOMSBURY SQUARE,
LONDON, W.C.1.

❷

❷——ライツ社のエントツ距離計の広告（右ページ下）が掲載された1925年版の英国写真年鑑。

# 第II部

# 神聖ライカ帝国の人間たち

——竹田正一郎

# 第1章 シャシン、そしてライカ

## シャシンは芸術か

シャシンはすぐれた記録手段のひとつだ、という。

ふだん見ているものは、大きくまとめて言えば世界だが、世界は動いて、音を出している。もちろん色があるし、匂いもあるし、触感だってある。

だから世界を記録するといっても、これのすべての面をとらえるのはムリで、動き、色、音ぐらいを押さえたものを、いっぱんに記録といっている。いまのカメラは、その程度の記録なら、できるようになってる。動画機能があるからだ。

ふつうシャシンというと、静止画の意味になるが、これは記録といっても実は非現実的なもので、こんなふうに停止した世界を見ることなんか、まったくない。

ヴァルター・ベンヤミンは、当時ハヤリの精神分析にたとえて、シャシンには無意識のものが写っているという。たしかにシャシンには、写そうと思った以外のものまで写り込む。でもわれわれは、ふつうの日常のなかでは、自分が見たいものしか見ていない。だから、こんなふうに、あますところなく網羅的に、世界を見ることなど、ぜったいない。

　記録として見ると、こんなふうに、いろいろケチの付くシャシンだが、じゃあ記録じゃなくて、芸術のひとつかというと、そうでもない。というか、そこまで行ってない。シャシンから生まれた映画はリッパな芸術なのだが、シャシンはそれに比べると見劣りする。表現の自由度が小さすぎるのだ。

　さっきのヴァルター・ベンヤミンも、ロラン・バルトも、写真論みたいなことをやってるが、二人とも、あまり大したことは言ってない。

　なんでもネタにして、まとめるのがウマいこの2人が、大したコトが言えてないのは、シャシンというネタに、深みがないからである。奥行きがない。まるでアナログ時代の写真の印画紙みたいに、薄っぺらい。

　おおむかしの伊奈信男の時代と違って、いまは展覧会評というものはあっても、マトモな写真評論がない。それは、書いてもハナシが薄くなってしまうからである。読者の興味を引き付けておくようなテーマが、すくなくとも2、3コは無いとハナシが始まらないのに、なかなかそうは組めないからだ。

　芸術のジャンルは、造形に限っても、絵画、彫刻、建築、それぞれに奥深く、いろいろな論議が可能だし、文学にハナシを広げても、韻文、散文を問わず、論じて論じ尽くせるということがない。したがっていろいろな時代に、いろいろの論議が行なわれて、世間の興味を惹くことができる。でもシャシンには、これがない。それが、底が浅いことの証拠である。

　要するに、シャシンというのは、仮に芸術であるにしても、ニンゲンの精神との拘わりが、極めて少ないモノである。言葉を換えると、作品が人間精神の表現になっている度合いが、非常に薄いモノである。芸術という定義のフチに、やっと爪先を掛けてブラ下がってる、そんな印象を受ける。

あとでいうが、これはレンズの責任であると、私は思っている。特に現代では、レンズというものの性能が一方向に偏り過ぎて、写真を芸術にするのをジャマしていると私は思う。

## お気に入りの写真家たち

そういう番外地みたいなジャンルだから、そこでシゴトをしている人たちの中でも、私の気に入ったアーティストの数は、ほかのジャンルでのお気に入りの数に比べると、うんと少ない。

ナダール、アジェ、マン・レイ、エドワード・スタイケン、エーリヒ・ザローモン、名取洋之助、アンドレ・ケルテス、ドラ・マール、ジョエル・ピーター・ウィトキン、そんなものだろう。

アンリ・カルティエ・ブレッソンはきらいだし、木村伊兵衛はだいきらいだ。

スタイケンやザローモンの写真が好きなのは、写されてるキャラクターに興味があるということと、彼らのウデに感心するからで、シャシンの傾向としては、片方はピクトリアリズム、もう一方はリアリズムだから、正反対に近い。でも彼らが写した人物、というよりキャラクターの面白さは、20世紀の朝の空に現われた、イロイロなカタチのフシギな雲を見ているみたいで、いくら見ても飽きない。

スタイケンはアメリカでの言い方で、ルクセンブルク生まれの彼は、生まれた時はエデュアール・ジャン・ステシェン（Eduard Jean Steichen）だった。ルクセンブルク大公国は963年にアルデンヌのジーゲフロイト伯爵が開いた国だが、13世紀ごろから神聖ローマ帝国皇帝も出してる名門国家だ。国語はフランス語とドイツ語とルクセンブルク語で、ルクセンブルク語というのはドイツ語に似てる。

スタイケンの撮った作品のなかでも、アドルフ・マンジューの写真がいい。髪をマンナカで分けて、ウシロへ撫でつけてブリヤンチンで固めている。恐らくアルゼンチンのゴミナの製品だろう。

マンジューと言えば思い出すのは、1930年に製作された「モロッコ」で、ゲーリー・クーパーとマルレーネ・ディートリヒ共演の、ジョゼフ・スタンバーグ監督の名作だが、この映画ではディートリヒと婚約しながら、最後にクーパーを追っかけるディートリヒに振られるカネモチ男を名演した。

アメリカのフランス系移民の家に生まれたマンジューは、ヴォードヴィルの世界から映画に入って、じきにハリウッドのトップスターになった。シテイボーイの代表で、9回もベスト・ドレッサーに選ばれている。

ついでにいうとジョゼフ・スタンバーグはヴィーン生まれだが、7歳で家族がアメリカへ移住したから、アメリカ人と思っていい。あとになって作った映画のクレディット・タイトルとかで、ヨーゼフ・フォン・シュテルンベルクを名乗ったのは、そのほうがチョッとカッコいいからだ。家族全体でアメリカに移住したあとで、彼だけヴィーンに帰ったが、すぐにアメリカに戻った。だから彼の本格キャリアは、ハリウッドでのシゴトだ。ウーファの大プロデューサー、エリヒ・ポマーが、「嘆きの天使」で彼を起用したのは、ドイツ語圏のカルチュアに、カンが働く彼の素質を見込んでのことだろう。

❶——エドワード・スタイケンが撮影したグレタ・ガルボの写真が表紙を飾ったライフ誌。（1955年1月10日号）

スタイケンは、大女優グロリア・スワンソンにレースのヴェールをかぶせて、わざと顔を隠すなんてこともやってる。

スタイケンが活躍してた時代を、チョッと前後に広げて眺めると、ヴィーンやベルリンのドイツ語圏だけでも大物ぞろいで、アルバート・アインシュタイン、ヴラジミール・ナヴォコフ、アドルフ・ヒトラー、ヨーゼフ・ゲベルス、ベルトルト・ブレヒト、クルト・ヴァイル、そして当然ながらロッテ・レーニャ（ロッテがキャバレーで歌うと、全ベルリンがどよめいた）、それからまだいるぞ、「トラスト・DE」つまりヨーロッパ破壊同盟を書いたイリヤ・エーレンブルク、そしてバウハウスのヴァルター・グローピウス。

そしてパリまで広げたら、ジャン・コクトー、パブロ・ピカソ、ポール・ヴァレリー、アンドレ・ジッド、アーネスト・ヘミングウエー、それから、いや、キリがない。

こんな顔ぶれを見ていると、ライカというカメラが、20世紀が特別に用意したステー

❷——エーリヒ・ザローモン博士。
❸——ザローモン撮影の法廷写真。法廷に臨む年老いた女性の緊張感が伝わってくる。

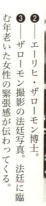

ジ、２つの大戦に挟まれた、奇跡のように華やかで、革命的に新しく、天才的に多彩な、トンでもない時代のワイマール共和国に登場したこと、そしてその時代精神を共有したユーザーに愛用されながら、その期待を受けて発展して行ったこと、この２つの点で、すごくラッキーな商品だったことがワカル。

スタイケンにハナシを戻すと、撮ったキャラクターも面白いが、撮影のウデにも、感心する。ディートリヒやマンジューのポートレートの、微妙なライティング、洗練されたポーズの付け方、どこを見てもミゴトで、よく描けた絵のようで、ピクトリアリズムの極致だと思う。

ザローモンの場合だって、盗み撮りされてる大物政治家の表情の面白さとか、法廷の緊張した感じとかにも感心するけど、あんなエルマノックスみたいなアトム判の乾板カメラを、帽子の中に隠して、ピントも確認できない状況で撮るなんてアクロバティックなことを、ナニゲにやってしまうウデのほうに、もっと感心してしまう。

# 第2章 私とライカ

## 小2でライカⅢaのとりこに

こんなことを書くと、いっぱしシャシンが判ってるみたいに聞こえるかもしれないが、ホントは写真のコトは判らない。それに自分で写真を撮ろうというキモチが、まったくない。ここ2、3年、1枚も撮ったことがないのだ。

だけど私はカメラが好きで、カメラの性能にも大いに興味がある。私は何台かのカメラを持ってるし、ヒトに貸すこともある。借りるほうは写真を撮りたいのだろうが、私は自分ではちっとも撮りたくないから、何年でも貸したままになってるのもある。

だから私は、運転はきらいだが、クルマは好きというのに似ている。

クルマはあるが、運転しようと思わない。勤め人だったころみたいに、誰かが運転してくれるなら乗ってもいいけど。

私は5歳のとき、雑誌のフロクのボール紙製のカメラに興味を持った。ボンヤリと紙写真が写った気がする。そのあと1年ぐらい、いとこの持っていたミジェットという豆カメラをいじったが、すぐ飽きてしまった。

義父の兄つまり伯父がカメラ好きで、戸棚にいっぱい並べてあったが、そのひとつがいま思えばライカⅢaで、これにはすぐに夢中になった。私はつまり、ライカからカメラを始めたのである。小学校2年だから、数え年だと9歳、いまの満年齢でいうと8歳、1931年生まれだから、1939年のことだ。

田中チョートクは、私がコンタックス軍の総大将で、副大将がリチャード・クーだ、などとヨタを言うが、世人はそれを信じてはいけない。むかしカメラレビューなどに、コンタックスの記事を書いたり、朝日ソノラマから、コンタックスの本を出したりしたから、世間にそんな印象を与えただけだろう。

ライカ関係だと、書く人も書かれた記事も本も多かったが、コンタックス関係は少なかった。だから私みたいなものにも、オハチが巡って来たのだろう。別にコンタックスに肩入れしていたから、あんなものを書き散らしたのではない。だいいち本人の好き嫌いで並べたゴタクが、カネになるほど、世の中は甘くないのである。

でも私は、趣味ではなく、ショーバイでモノを書いてるのだから、頼まれたらなんでも書く。ウヨクでもサヨクでも、それなりのツジツマを合わせるし、資本側でも労働側でも、お味方する。天国でも地獄でも、神でも悪魔でも、賛美崇拝する。セツつまり節がないのだが、ショーバイと節は相容れない。

この最初のライカⅢaで、いちばん気にいったのは、その美しさである。どんなオモチャよりも、精巧な感じで、ペーヴメントに落ちる街路樹の影のように都会的で、よく切れるハモノのようにシャープで、しかも全体にやわらかくて繊細で、ぜいたくなマット・クロームの輝きで、まるで映画で見る外国の女優さん、マルレーネ・ディートリヒ、ダニエル・ダリュー、ルイーゼ・ウルリヒ、そんな豪奢で華麗な感じがあった。毛皮、

❹——ライカⅢa＋ズマー5センチF2付き。

シャンパン、夜会、ロールズ・ロイスのリムジン、そういうゼイタクなものが似合う、宝飾品クラスの美しさである。

これにはズマー50ミリF2とエルマー50ミリF3・5が付いていたが、エルマーはレンズのフチが薄っぺらくて、ボディの立派さとつりあわない。ズマーのほうが、付けると見栄えがした。だから私はズマーばっかり使って撮影した。モンクをいう人も多いが、すごくソフトな良いレンズである。というより、ズマーのボワッとした良さが判らない人は、ライカのレンズ、というより、カメラ用のレンズが判ってないと思う。

カメラのレンズってモンは、なんでもハッキリクッキリ写ればいいだけのモンじゃない。そんな性能は、望遠鏡とか顕微鏡とかと共通した、観察や記録のための性能である。カメラは写真を撮る道具であって、写真は観察や記録の媒体でもあるけれども、その発生の歴史からもワカルように、基本的にはLichtbildつまり光画、光で描いた絵だから、カメラのレンズは、光で絵を描くことができなければならない。ハッキリクッキリのレンズで撮ると、リアリズムの絵になるし、ソフトなレンズで撮ると、鉛筆画のような柔らかい絵になる。つまりカメラ用のレンズには、性能のスペクトルの広がりが必要なのである。

ズマーみたいに写せるレンズは、ソフトタッチの、アーティスティックな画面を作ることができる。つまりズマーは、記録だけのレンズに比べると、芸をすることができる、チョッと高級なレンズなのだ。

ついでにいうと、ズマールというのも困った表記で、Deutsche Bühnenausspracheつまりドイツ舞台発音というものが、ドイツ語の標準発音になっているが、なるほどこれでイケば、ズマールにチガイない。ヴィーンのブルク・テアターとか、バイロイトの楽劇とか行くと、そんな発音でやってる。

でもさ、歌のモンクや芝居のセリフじゃないんだから、レンズの名前をコレでやるのは、ちょっと困る。日常発音だとズマーで、それでよい。おなじ理由で、ヘクトールもイカン。ヘクトーでイイし、頼りなければ、最後に軽くァをいれとくとよい。ちなみに漱石先生の飼い犬がヘクトーで、ヘクトーで通しておられたらしい。先生はパウル・ハイゼのヴァインヒュッターとか読んでおられたドイツ語の達人でもあるから、さすがに正しい。

ズマーというのは、最初は言いにくいかも知れないが、せっかくエルマールじゃなくてエルマーと言ってるのだから、この流儀で統一するのがいい。ついでに、いつも言ってることを繰り返しとくと、エキザクタというのも困った誤読で、ドイツ語のxは常にksの無声音で、kzとかgzと有声になることはないから、エクサクタである。英語読みやフランス語読みなら、今度はgzでエグザクタになる。どっちにしても、どこを押しても、キザという音は出てこないのだ。

ライカⅢaにズマー50ミリF2を付けたのを標準装備にして、そのころはまだ写真を撮る気があったから、いろいろなところへ出かけた。その中には団子坂の菊人形とかもあったが、そのうちに、画面にいっぱい人が写り込むのがキライになって、人のあまり居ないトコで、土管に陽があたって、ハイライトとシャドーができているのとか、公園の中の誰も座っていないベンチとか、建築の先端と窓ガラスに、落日が反射してるトコとか、トモダチに言わせると、厭世的なテーマを撮るようになった。

そうなると遠くへ出かけなくても、家の近くで題材はコロガッテいるのである。フィルムはアグファの青缶の長尺から切り出したヤツをカセッテに詰めてもらって、撮りき

❺——少年時代の著者・竹田正一郎。手にしているのは「ライフ」誌。

るると現像に出してまた詰めてもらうのである。

## カメラはオブジェである

そうやっているうちに、カメラを持って歩いて撮っていたら、カメラそのものの美しさを、観賞できないことに気が付いた。だからだんだん撮るのをやめて、カメラを眺めて、マットクロームが微妙に光線を反射する感じとか、距離計のグンカン部の、大都会の建築のスカイラインみたいな造形の面白さとかに、興味を持つようなった。つまりオブジェとして、楽しむのである。

カメラに限らず、優れたデザインのものを評価観賞する最高の方法は、設計用途のために使うことではなくて、オブジェとして楽しむことだと思っている。建築なども、それ自体は、ワリトつまらない、と言えば言える日常的な用途を持つ、ただのハコに過ぎないが、青空に白い雲を優雅にまとって立っていたり、夕映えの中で黄金とクレナイの中間で輝いていたり、星降る夜の大都会で、豪奢な灯火を輝かせていたりするときは、一流の芸術作品である。

身近なトコでは茶碗とか茶杓とかの茶道具もそうだし、花瓶とか香炉とか水盤とかの陶磁器もそうだ。床の間なんていう最高のディスプレイ空間は、そのためにあるので、これに比べると、西洋建築には、壁のアルコーヴや、暖炉の上以外に、同じ目的の場所がないのは、生活の中に文化的な空間・時間を送り込む文明のワザが、西洋ではマダマダであることを示している気がする。一日を細かく分けて、挨拶を変えたり、衣服を改めたりするほどのレベルの高い文明を持つ西洋が、どうしてこの辺にまで目をつけないのだろうか。

❻

❻——セイキ・キヤノン＋ニッコール5センチF2付き。

とは言っても、カメラという実用品に優美なデザインを与えて、美術品のレベルにまで高めたライカは、明らかに西洋文明に属するもので、われわれの文明は、金属をここまでの水準で使いこなして、複雑なシステムを内蔵したキカイにする、いや、ただのキカイではなくて、一流の優れた芸術作品の外観を備えたモノにする、という高度なレベルには、まったく達することができなかった。

オブジェとして観賞するようになったのには、もうひとつ理由がある。

ライカⅢaを外で持って歩くと、人が寄ってくるのである。小学校2、3年だから、昭和15、6年だが、知らないオトナが寄ってきて、アッ、キャノン、いや、ライカだ、すげー、とか、仲間内で言い合って、まわりを取り囲んでウルサイ。私は、いまでもそうだが、知らないニンゲンはキライで、特にソバに寄ってくるヤツ、しかもヒトの持ち物をアレコレ論評するヤツは、ダイキライだ。こちらがどう反応していいか、わからないからである。黙殺しかないが、あれはあれで、ナカナカ疲れるモンなのだ。

そんな小学生の持っているライカを、ちょっと見せて、と言った男が公園にいた。論評しないのが気に入ったので、スナオに渡すと、いろいろ点検して、うーん、スゴクいいカメラだねー、と言って返した。ライカを知らないのである。このとき私は、コドモゴコロに、ライカの凄さを認識した。ライカの何たるかを知らないニンゲンにさえ、ヨサを判らせる実力がスゴイのである。

もっと後になって、コンタックスで、おなじようなシチュエーションがあったが、私の手からコンタックスを受け取って点検した相手は、ふーん、変わったカメラだね、で終わりだった。伯父の戸棚には、コンタックスⅢ型も並んでいて、ちょっと使ってみたのである。私はチビのくせに指が長いので、中学へ行くころになるとライカでは指が余

❼

❼——コンタックスⅢ+ゾナー5センチF1・5付き。

ってくる。そこでやむなく、いっときコンタックスに乗り換えたのだ。

## 銀座のカメラ屋

でも小学校の頃は、ずっとライカで通した。伯父は金城商会とかで買うと、フィルム1本ぐらい写して、あとは戸棚にしまっとくだけなので、彼のカメラは、ほとんど私専用なのである。せっかく本郷を出て学士になったのに、弟つまり私の義父に家督を譲って、遺産で食ってブラブラしてる。そのころのコトバで言えば高等遊民で、スキー、スケート、マージャン、ダンス、そのほか遊びごとならなんでもやった。新橋にあったダンスホールのフロリダに、コドモの私を連れていったのも彼である。コドモなんか来る場所ではないので、ダンサーのオネエさんに非常にモテた。わざわざお菓子など買ってきて、私にくれたのである。

伯父のコースは、金城商会のあとは郵船ビルのカール・ツァイスへ行って、カール・ツァイスが代理店やってたツァイス・イコンのカメラなどを見て、ときにはブラジレイロ、それから尾張町の富士アイスか、出雲町のエスキモーか、そのとなりの資生堂、またはモナミとかコロンバンあたりへ行って、それから新橋に出る、というものである。このころの銀座の店には、みなモダンな大都会の雰囲気があって、戦後はその感じが消えてしまったが、戦後になってもそれを濃厚に伝えていたのは、銀座の店ではなくって、京都河原町三条にあった、デリケッセンだろう。

金城商会は、私が会社勤めをしていた1960年代にはまだ健在で、番頭のたしか滝沢さんと言ったか、なかなかの勧め上手だった。戦後もかなり経って、勤め人になってから、コンタックスのⅢaを買った記憶がある。

銀座はカメラ屋の多いとこで、うんと後の１９７０年代になっても、東から行くと藤本さんのカツミ堂、いや、その前にカツミ堂から出た細川さんの三原橋の三共カメラ、西へ行ってスキヤ、三信ビルのノックス、それからちょっと北へはいってヒーロー、清水、丹羽さんの銀一、ヒカリ、トキハ、ニホンバシ、富士越、きむら、そのほかいろいろあった。

スキヤはその中でもライカの品ぞろえがよく、場所も千疋屋の隣という目抜きの角で、トップクラスの店だった。満州から引き揚げてきたあと、外車のディーラーやってた中島詮太郎、忠平の兄弟が始めた店だが、この兄弟プラス番頭さんや手代、丁稚など大勢いた店だった。商売が順調なので、向かいの角にニコンハウスという、国産品をメインにした別店舗も出していた。忠さんこと忠平は、流暢な英語とロシヤ語を話すので、近くの帝国ホテルなどからの外国人の客も多く、日本人の客筋も良かった。役者の滝沢修などとも、ここで知りあった記憶がある。

スキヤの中島兄弟、千疋屋の福原、菓子屋の虎屋の黒川などが集まって、くらま会という芸事のクラブを作り、年に一回は、新橋演舞場を借り切っておさらい会をやっていた。素人の芸事の集まりだが、なかなかレベルが高く、ゲストに花柳流の家元の、花柳寿輔名人などを迎えて、たいそうハデなものだった。

この忠さんから買ったカメラは数が多いが、いまでも惜しいのはライカM3の、元箱入り新品同様、ズミクロン50ミリF2付きで、たった35万円だったが、何かでカネが要って、また忠さんに売り戻した。それがなんと、カネが要るならチョッと色を付けようと、38万円で引き取ってくれたのである。

❽——著者・竹田正一郎。銀座のカメラ屋巡りをしていた頃か。

いまどきこんな商売をやるニンゲンは、もう居ないだろう。

忠さんはその後ちょっとした病気で休んだあと、店に出てきて株屋に寄って、それから自宅へ帰ったトタンに死んでしまった。ハヤタカメラのハヤタ名人と一緒に、吉川真行大和尚の見送りを受けてお通夜に行った記憶があるから、お寺はあっちのほうだったのだろう。

## ⅢfとM3

別のトコにも書いたが、私はライカM3を好きではなかった。1954年に初めて見たとき、これはライカの自殺だと思ったぐらいである。大きすぎる、というのが第一印象だった。ライカは小さくなければ意味がない、そう思ったのだ。これではコンタックスじゃないか。そんな印象を受けたのだ。

仕上げはキレイで、見栄えはしたが、それまでのライカが、スラリとした美女とすると、なんだかボッテリした、オバさんっぽいカメラに見えたのだ。子持ちアユとか、そんな具合にハラが膨れてるような気がした。いま改めて見直すと、決してそんな感じではないのだが、第一印象はそうだった。

いまもういちど、ⅢfとM3を並べてみると、やっぱりⅢfのほうが繊細で美しい。このⅢfをデザインしたのは、ツァイス・イコンからヘッドハンティングされて、バルナックのアシスタントを長年やってた、ヴィルヘルム・アルバートだが、基本形はバルナックのデザインしたⅡ型やⅢ型と同じだから、今日の眼でみても、ビクともしない美しさを保持してる、このバルナックのデザインセンスはスゴイ。ヴィリ・シュタイン・グループのM3には、ここまで優美で、しかもキレアジのよいシャープさを持った造形

❾

美はない。

Ⅲfといえば、前のほうに書いたけど、そのフラッシュ同調機構はライカメカニズムの極致で、リングの切れ込みを、光源のタイプに応じて決まってるナンバーに合わせる、非常に複雑なものだ。その内部は、コーモリ傘の骨みたいな構造がスリットに倒れ込む、設計家の悪夢のような込み入ったシカケで、これを完成させたのは、アダム・ヴァーグナー（Adam Wagner）だ。ヴァーグナーはライカHというハーフサイズカメラの設計も完成させたが、1956年に予定されていた製造開始が、中止になってしまった。1954年に出たM3が売れすぎて、製造能力の余裕がなかったのだ。ヴァーグナーはこれが不満で、会社をやめてしまったのである。

## シュナイダーのレンズ

銀座、というより東京は、中古カメラ屋の多い街だが、ムカシのニューヨークにも、中古カメラ屋は多かった。ケン・ハンセンは別格としても、ブルックリン・カメラ・イクスチェンジとか、いつ行っても品ぞろえが豊富で、おまけに安かった。シャター・バグという、世界的に有名なカメラ雑誌がアメリカにあって、これがムカシは黄色いタブロイド版で、中古カメラの売り買い情報が専門だった。いまは写真やカメラ全般の記事が多くて、私もときどき松屋のICSカメラ展の記事とか書いて寄稿してるが、面白い雑誌である。日本以外の国で出てる写真雑誌で、TIPA（Technical Image Press Association）のメンバーの

10

11

❾—ライカM3とⅢfをならべてみる。
❿—ライカHの設計者、アダム・ワーグナー。Emile G. Keller The Source of Today's Thirty-five Millimeter Photography Part-2 Millbrook,N.Y.1989
⓫—ライカH。Emile G.Keller The Source of Today's Thirty-five Millimeter Photography Part-2 Millbrook,N.Y.1989

中では、このシャター・バグが、知名度でも実力でも、トップクラスに来るだろう。

このシャター・バグとは別に、私はＴＩＰＡの依頼で、毎年ＣＰ＋のレポートを送っているが、こっちのほうはローマにあるＴＩＰＡの本部に入稿しているので、メンバーの中のどの雑誌が私の記事を掲載しているのか、そこまでは知らない。

ドイツの街には、中古カメラの専門店は少ない。新品のカメラ屋で、中古も売ってるのが普通だ。カメラ小売店はリッパな店が多くて、代表はシュトゥットガルトのクラウス・フォトだろう。ここはムカシはペギーというカメラを発売したり、パリの支店ではツァイスのライセンスで、テッサーを作ったりしていた。自動焦点の引伸機を発明した男が、このクラウスに行って、製造と販売を頼んだこともある。クラウスは、そこまで手を広げるわけには行かないので、エルンスト・ライツを紹介した。それで出たのが、有名なフォコマートだ。

ペギーというのは、プラウベルみたいにタスキでレンズボードが出てくる35ミリ判カメラで、１９３２年の発売。Ⅱ型は連動距離計付きの高級機だった。ライカの成功で刺激を受けて、いくつか出たカメラの中でも、優秀なグループに属する。１９３４年のⅡ型は、たしかその年に新発売の、シュナイダーのクセノン50ミリＦ２が付いていたハズ。

シュナイダーは、名設計者のアルブレヒト・トロニエ（Albrecht Tronnier）を、１９２４年10月に設計部長に迎えてからは元気がよくて、１９２６年のクセナーＦ４・５、１９３０年のアングロンＦ６・８、いま言った１９３４年のクセノンＦ２・０、１９３５年の新設計のクセナーＦ２・８とＦ３・５などが、続々と出た。ついでにいうと、アンギュロンというのは英語読みで、ドイツ語読みならアングロン、スーパー・アンギュロンは、ズーパー・アングロンだ。

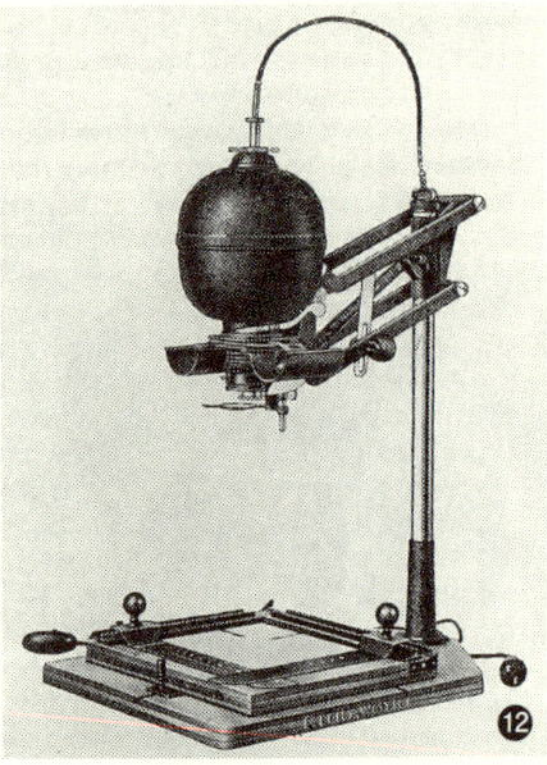
⓬——フォコマートⅠ型。

シュナイダーのレンズは、コダック・レチナなどに付けられて、バッグンの光学性能を発揮した。ツァイス系のレンズよりも、シャープさではシュナイダーのほうが上というヒトも多い。その代表は二眼レフのローライで、ギュンター・クレムトが設計したクセノター付きのほうが、プラナー付きよりイイという連中がいるのだ。たしかにプラナーは名前の通り画像の平坦性を徹底的に追求したレンズだから、その点では優等生だが、解像度だけ取ってみると、クセノターのほうが上かもしれない。それにプラナーは樽型、クセノターはイトマキ型の残存収差なので、クセノターのほうが像が締まって見える。

ついでに言うと、アングロンはトロニエだが、ズーパー・アングロンはさっき言ったクレムトだ。

ライカ用で、正式に出されたライツ社以外のメーカーのレンズは、数が少なくて、[*1] 有名なのは1936年に出たシュナイダーのクセノン50ミリF1・5、1958年に出た、ズーパー・アングロン21ミリF3・4ぐらいだろう。[*2] ただしこの21／3・4は、誰の設計だか判らない。

トロニエは戦時中に軍用の名レンズをたくさん設計しているし、1944年からフォクトレンダーの仕事も受けて、ここでもカラー・ウルトロンなどの名レンズを出している。

＊1——サードパーティからは、前にも書いたが無数のライカ用レンズが発売されている。

＊2——例外的に、西ドイツのカール・ツァイスがM型ライカ用に、ホロゴン15ミリF8を1973年に発売している。希少レンズで、市場でも高価だ。

⑬——英国写真年鑑誌の掲載されたペッギーIIの広告。

⑭——ローライフレックス2・8Eに装備されたシュナイダー・クセノター80ミリF2・8。

# 第3章 ライカ対コンタックス騒動

## 「アサヒカメラ」の比較記事

ハナシを戻すと、私がライカⅢａを使い出した１９３９年は、１９３５年の「アサヒカメラ」８月号に出た記事が起こしたサワギの余韻が、まだくすぶってたころである。

ライカとコンタックスを比較しているのだが、外観美、堅牢度、シャッター、レンズ、そのほかいくつかの項目別に点数を付けて、合計点で勝負させるという内容だった。その採点表はこんなものだ。（下記）

書いたのは銀座の文具屋の黒沢の主人で、ふだんは佐和九郎という名前を使ってたが、この記事はＫＫＫというペンネームで書いた。

外観美はライカ１００のコンタックス85で、ちょっとコンタックスに甘い。私なら１００対60ぐらいだろうか。堅牢度がライカ65のコンタックス１００というのは、あんまり同感できない採点で、むしろ逆だろう。先輩のハナシでは、丸いより四角い方が丈夫という考えからの点数らしい。距離計のライカ85とコンタックス１００は、マアア妥当なトコか。容積と重量が、ライカ１００とコンタックス70も、なかなかの判定だ。

| 取り扱いと便否 | 付随事項 | 値段 | 合　計 |
|---|---|---|---|
| 100点 | 80点 | 100点 | 1040点 |
| 100点 | 100点 | 80点 | 1135点 |

――「『ライカ』と『コンタックス』とどちらが良いか？」（「アサヒカメラ」1935年８月号掲載）より

ところがこの記事を読んだライカファンが承知しない。コンタックスがライカより上だという結論はオカシイというのだ。あとあとになってみればその通りだが、当時はライカよりだいぶ後に出たコンタックスの、カタログスペック的なヨサが目立ったので、ライカファンがちょっとクヤシイ思いをしていたトコへ、こんな挑発的な記事が出たものだから、誇張ではなくて、ホントに大騒ぎになった。

ドイツ大使館もこのことを本国に知らせたものだから、とうとうドイツ本国からも仲裁がはいって、すくなくとも表面的にはいちおうの結着がついた格好だった。

## パンフレット『降り懸る火の粉は拂はねばならぬ』

でもここへ来るまでには、当時ライツ社の代理店をやってた神田シュミット商会の番頭の井上鐘《あつむ》が、何か反論しろ、というライカファンの声に押されて、1936年3月に『降り懸る火の粉は拂はねばならぬ』という、20ページほどのパンフレットを出したのとか、これに対応するカタチで、おなじ1936年3月に、浅沼商会から『最新型コンタックスの進歩したる点』というパンフレットが出たのとか、いろいろ文書戦があって、それでサワギがいっそう大きくなった。

でも騒いでたのは、ライカもコンタックスも買えない連中だった。これは1929年の大不況のあと立ち直った日本が、経済的な再成長過程で生み出した新しい大衆セグメントで、この人たちは収入がよくなって、余暇にカネを使う余裕ができたのだ。

こんなトレンドのハシリになったのが、ちょうど1930年に創刊された「山と渓谷」で、これで登山やスキーなどがハヤリ、その影響でカメラが売れるようになった。といっても、登山やスキーに持って行くのだから、携帯性のヨサがイノチだ。だから

### ライカとコンタックスの採点表

| 機　種 | 外観美 | 容積と重量 | 堅牢度 | レンズ | シャッター | 距離計 | ファインダー | フィルム装塡 | 精密度と確実性 |
|---|---|---|---|---|---|---|---|---|---|
| ライカⅢa | 100点 | 100点 | 65点 | 75点 | 60点 | 85点 | 95点 | 90点 | 90点 |
| コンタックスⅠ | 85点 | 70点 | 100点 | 100点 | 100点 | 100点 | 100点 | 100点 | 100点 |

120や117サイズのフィルムを使うようなカメラでも、折りたたんでフラットになる蛇腹カメラ、シュプライツェン・カメラ（Spreizenkamera）が主流になり、そういう携帯性のヨサを究極まで突き詰めたのが、35ミリフィルムを使うライカやコンタックスだったのだ。

だから120、117サイズのヤスモノの蛇腹カメラしか買えない連中にとっては、ライカやコンタックスはアコガレの的で、ライカやコンタックスのコトなら、実際に持ってる人よりよく知ってたと思う。

金持ちケンカせずという言葉があるが、ライカ・コンタックス論争をここまで大げさにしたのは、実際にライカやコンタックスを買えない連中だった。当然ライカ・コンタックス関係のニュースにも敏感で、アサヒ・カメラの記事に、過剰といえるほどの反応をしたのも、この人たちなのだ。

チョッと面白いので、『降り懸る火の粉は拂はねばならぬ』を再録しとく。

〈表紙〉

**降り懸る火の粉は拂はねばならぬ**

半可通の素人のまことしやかな商品比較批判は、明朗なる平和の商戦スポーツを不快なる泥仕合に轉ぜしめるものである。

東京　大阪　シユミット商店

## ライカ　カメラに就いて

内容

形　ライカの形は甚だ自然である。これをベストコダックを模したりと云うは、自動車の車輪は人力車の夫れの模倣なりといふに同じ。フイルムを巻けば圓筒状をなすは自然である、これを収めるライカカメラの両端が圓い形であることは、車輪の圓を圓とする素直なる設計以上のものではない。敢てこれに角を與へて「現代的」と、不要の肉を附して「機械らしい」とは呼ばぬ。

外観　ライカは外観の美のためにその形が撰まれたのではない、機械的性能、乃至は形さへも、外観のために此の犠牲を受けていない。ライカの性能をもたせて最小のカメラを素直に作らうと思へば期せずライカの外観を備へるに到るのである。外部の金屬部をクローム渡金したのは、光と色の美によつて人の心を魅せやうためではない、黒ラックより以上塗に耐久性あらしめるためである。

堅牢度　圓いものが弱くて角型のものが強く、薄いものが弱くて厚いものが強いとは、野蠻人か子供騙しの論であることは、材料強弱理論の第一頁を讀まぬ人にも解る筈である。

ライカのボデイーケースは全體が一個體となって居るから其の金屬は現在以上の厚さを必要としない、完全な一個の鶏卵と二つに切断したものとを潰すのは何れが六ケしい

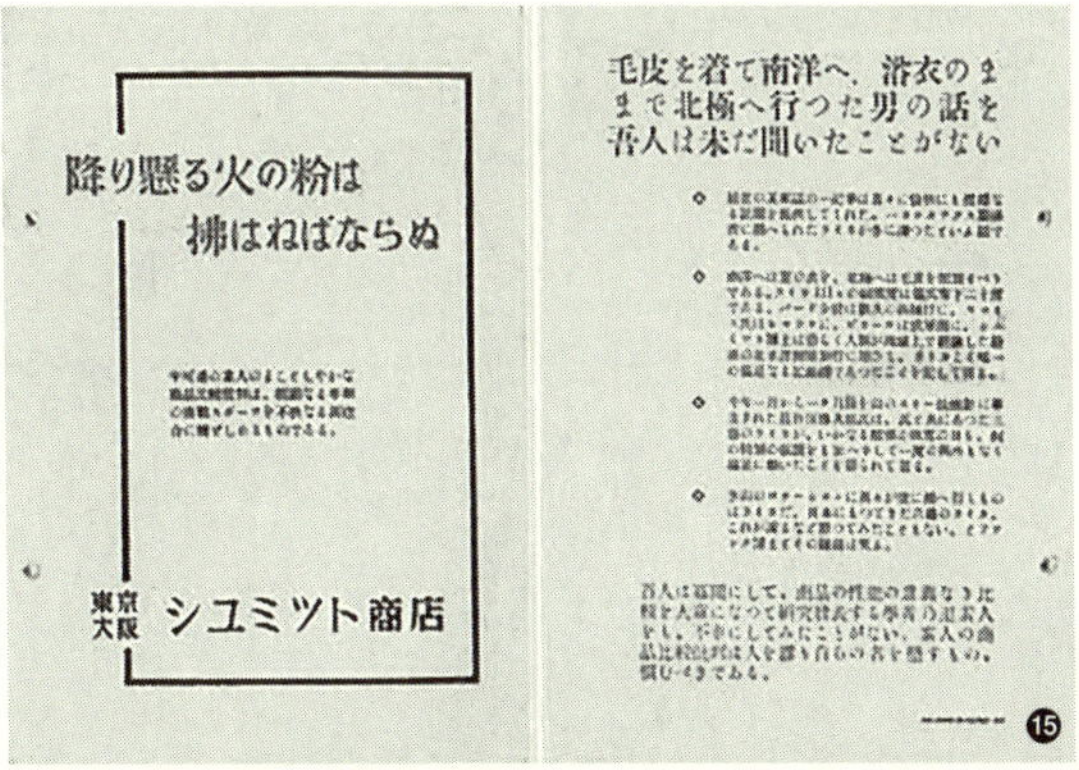


⑮——1936年3月、ライカ対コンタックス騒動のさなかに、当時のライツ社代理店・神田シュミット商会が出したパンフレットの表紙。

か！

ライカの胴は金槌でたゝかれて凹みが出來たとしても、ライカの精密度は犯されない、ライカ機體は卵殻中の雛の如く保護されてある。且つその凹みは容易にまた完全に修復しうる。

ロールしたライカの輕金屬胴は吾々の行った極どいまでの試驗を見事に通過して、鋳物に比し遥に抵抗の強いことを示してくれた、故に吾人はこれをライカに採ったのである。底部のみを開き得るといふライカの構造は、吾等が常に繰返へし述べる如く、實際に使用して便利且つ機構の保護に必要であり、またカメラの精密度に不變の耐久性あらしめ、外からの壓力に對する抵抗を大ならしむるものである。

レンズ　先づ第一に吾等は、ライカ判に用ふるレンズの設計制作に就てはライツの専門家程研究と經驗を重ね、此の問題に精通し居るものは他にないと言ふことを云はねばならぬ。二つの相似るレンズの性能を學術的に記述するならば相當大部の本が出來上るであらうし、しかも之に依っても両者の善悪を特定することは困難であり、且つ學問的の比較記述を行ふことは無益である。

吾等がレンズ計算に於て主張するものはバランスである。各種収差の適當なる調和である。何の収差をどの程度に匡正し、他の収差を如何に匡正するかの調節である。一つの収差匡正のために多数の他の収差の犠牲を求めるよりも、調和を求めるのが吾々の態度であり、またレンズ収差匡正の通則でもある。使用者にとつての問題は撮つた繪の良し悪しである。映寫器にライカレンズを附けて、微粒子ネガ、反轉或はポジの素晴らしき像を檢せられよ。

シヤター　ライカのシヤター幕が寒氣、熱、湿度に影響されるといふ。彼は初期のライカの幕のことを考へて居るのであらう。それはライツの努力によつて現在の劃期的な幕の出來たことを知らぬものゝ言葉である。不凍の油脂の制作されざる頃の話である。現在のライカが一切の大氣よりの影響を完全に阻止して居る證據に、多くの探險隊に凡ゆる異常な天候下に用ひられ、幾多世界的に有名なる探險家にとつて信頼し得る完全なる寫眞器として使用されて居る事實がある。

バード少將の如きはその数年に亘る南極探險に於て始終ライカを使用し、極地より数個のライカの追注文を發した程であり、サモイレウヰツチュ博士と寫眞助手ノヴヰキー氏は北氷洋探險にライカのみを用ひて居り、恐らく地球上で吾人が遭遇し得る最低温度に於ても少しの不満を見なかつたと云ふ。

メルケル、ウヰーガント氏等の獨逸ヒマラヤ登攀隊並にデイレンフルト博士の國際ヒマラヤ登攀隊も同じくライカを使用して満足なりと記し、ピカール博士、コジンス博士の成層圏研究にライカが大なる役割を演じ、一萬六千米突の高所より立派なる寫眞を撮つて世界の學界を驚かせたことは未だ世人の記憶に新たであらう。

またフロベニウス博士一行の熱帯アフリカ探險の最も困難なる寫眞撮影の問題もライカによつて満足に解決し、その性能に就て最高の讃辞が與へられて居る。吾等は中央アフリカ例令ばコンゴーに於ける多くのライカ使用者を知るが彼等から不満の一語をも聞いたことがない。

シヤターの構造は單純、小さく且つ輕い、これは讃むべき特色である。露出毎に釦が廻ることは、露出時間数字は露出する時だけに必要のものといふことを知るだけで解る問題ではあるまいか、また撮影後と雖もセット数字の戻つて居る位置は常に一定して居るのである。

露出むらを完全に避け得る構造を持つシヤターはライカあるのみである。

距離計　鏡玉との連繋装置をもつ距離計は、單なる距離の計測にのみ用ふるものではなく、同時に鏡玉をその計測點に合せる働きをなすものである。ライカの距離計の基線長を論ずるものはその距離計の無比なる精密度並に鏡玉との連繋装置の精確さを離しては考へ得ぬ筈である。

ライカの精確堅牢なる短基線長距離計と、極度に簡單な従つて絶對に誤差のない鏡玉連繋装置のメカニズム、吾人はこれを長大なる距離計を有して測定毎に不便を感じ且つ複雑なる連繋装置をもつものよりも、遥に優れたるものなりといふ確固且つ充分根據ある自信をもつものである。

## ライカたる精神

東京中野區　間宮富士雄

普通一般のカメラの出現過程は明らかに營利的目的の手段として考案、制作され、如何なる部分でコストの低下を計り、如何なる體裁で購買心を喚起するかといふ商品的考慮が拂はれて來たものであります。是に對してライカの出現過程を考へて見ることは興味深い事でありませう。

ライカの發明動機といふものは此の種の精密光學機械を眞に要望する一人の技術者の情熱であつたのです。彼は安い費用で利益の多いカメラの設計を他人から依頼されたものでなく純正な技術家として彼自身の理想とする一個のカメラ……ライカ……の考案に彼の全精神を打込んだのであります。ライカは彼の必要から出たものであり、熱情の結晶でありました。

考案、設計の根本的精神に於いてライカはライカたる獨自の生命を與へられたので、他種カメラと性質を異にするライカは彼女の誕生に際して既に将來の名聲を運命づけられてゐたと云へませう。

斯くの如き技術的才能と高尚な熱情の下に考案されたライカは元來商品として設計されたものではないらしい。發表に先立ち研究室に於ける研究と實際に使用しての研究とに十餘年の長き星霜を要してゐる事實は是を裏書して居る様に思へます。

營利的目的に對しては準備の十餘年の不生産的な星霜は合理的なものでない、ライカの商品化と他種カメラの商品化との間には全く別な状態が考へられます。此の異なつた状態に於いて商品として一般に賣り出されたライカには「ライカたる精神」が吹きこまれたことでせう。

オスカア・バルナックの熱の結晶、ライカの制作に於けるライツの精神は小型カメラ製作に必要な精神であり、理想的なものであり、ライカは此の環境に於いて育つたのです。使用者と共に研究し、あくまで學究的態度で前進的改良と進歩に努力して來たライツ社の足跡は私の希望するところのものであつたし且つ理想的のものであります。

ライカ機構各部の優秀性とレンズ、附屬器具の壓倒的優秀性等凡ゆる角度から讃嘆の声が發せられてゐますが、此事實は發明者と完全に一體になり得たライツ工場の精神と技術から由來してゐるものと考へられます。

## 伸のきくライカ

横須賀市　畑　宗一

私のライカ3型の距離計は5センチのレンズで200米と無限遠距離とを容易に且つ極めて明確に分離する。

普通カメラでこんな正確なピントを得られるものが嘗て存在したであらうか。それは辛うじてキヤビネの組立暗箱を以て得られる處のものである。

ロールクラップ型のライカは機構としては便利なロールフイルムに壓板工作の顕微鏡的精密によつて乾板カメラの正確を併せ、且つこのレフに勝る應變自在なピントとクラップの無時差の迅速とを凡て具備し、實にカメラ機構に於ける完壁である。

その機構の精密なる單位数字は、現在の感光材料の解像力の單位数字以上である事が實證されて居る事は實に我等の驚異である。

だからこそ、ライカは感光材料が進歩し新製される度に、益々秘めた無限の潜在力を現はして來るので益々使用者の信頼と其の限りなき愛着とを増すのである。

進歩した最新のオーソ・パンクロ型のライカ専用フイルムを使つた場合ライカの良さは益々その底力を出して來る。たとへば標準鏡玉エルマア5センチで1・75米から腕時計の秒針をキヤツチすることの容易なることはその肉眼以上の能力を示すものである。

小型カメラは数多い。併し文字通り小さいと言ふだけでは理論的にも實際的にも大型カメラ以上のものではあり得ない。その缺陥は伸びのきかない事と且つ結果の不恒定な點に於いて暴露する。然るにライカの最大にして著名な特長はシツトリした畫調を落とすことなしに確實に伸のきくと云ふ事である。これはライカの最も誇りとする生命である。これはカメラの機構がライツの言ふ通り、極力單純と、其の故に精密とに立脚して居る點にもあるが、又鏡玉の性能の優秀なる処にもある。

諸兄がフカすシガレツトの数と同じ位の撮影囘数で幾種の鏡玉を交換し常用し來つた結果から比較すれば、同じライカ鏡玉の中でも、やつぱり高價なもの程伸のきくことは實に不可思議である。ヘクトオル7・3センチに至つてはさすが世界群玉中の王者である。スーパーパンを使つても人造光を用ひてもアポクロマートに比する優秀な色收差の匡正は描寫に些の不安もない。心憎き迄その線の切れ込みは澄み切つて居る。だから疲れずにグングン伸がきく。

試みにカメラの振れを充分注意した上、ペルツのレクテパンフイルムに絞6・3で1／60秒位より速いシヤターを切つてペルツ微粒子整調現像液で5分間位のところでサツとあげ極く新鮮な定着液で處理したらどんな結果か。六切のグロツシーに伸してキヤビネや六切の密着印畫と比較して見れば百聞一見に如かずである。驚嘆すべきその解像力は神秘に近い。

## ライカ九年の經驗から

金澤市　澤村正一

A型二千二百何番かのライカで夏期トンネルの中でゴム膜がねばついた經驗を一度有して居ります。然し寒い方では京城の厳冬の戸外で一度も故障を起こしませんでした。所で之は十年近くも前の話なんです。十八萬臺に達した今日のライカでは寒暖による故障など考へるだけ無駄な事でせう。

シヤターのムラはA型時代には可成あつた様です。然し私の今使つて居るIII型を含めた四箇のIII型の試寫では一箇もムラを發見し得ませんでした。私は今使つて居るIII型でも、シヤターのムラでしくじつた事は一度もありません。

九年間に寫した5000枚の原板のうち粗粒子やガチガチで物にならぬ原板は澤山ありますが、ムラの為に使へない様な原板はムラの多かつたA型時代の原板にだつて見當りません。

寒暖に對する無用の心配やムラに對する神經過敏を起す前に、實物を手にしてあの輕やかな動き爽やかな響きを聽いて御覧なさい。いやそれよりも論より證據ムラがあるかないか20分の1から1000分の1まで全部寫して御覧なさい。

手さぐりでシヤター準備の出來る簡單さを有難く思はれる時がきつと來ると思ひます。

標準鏡玉「エルマア」に就ては今更喋々を要しますまい。萬能鏡玉と云はれる「ズマアル」に就ては最近一年半使つた所ではライツの證明書の通りと云ふ外ありません。開放絞に於ける周邊の幾分の光量不足や描寫力不足は高速鏡玉に共通の免れ難い缺點ですが、夫にも拘らず私がズマアルを離せないのは特徴ある描寫力、背景のボケ具合などの優れた點が開放絞に於ける多少の缺點を補うに餘りあり、また開放絞を其缺點の現れる様な場合に使ふ事は實際上稀だからです。

更に萬全を期すならＦ２は傳家の寶刀だと考へ、Ｆ２の特徴ある描寫を必要とする場合か光量不足に餘儀なく撮影せねばならない時に限り使ふ事とし、他はＦ３・５のレンズだと思つて絞つて使ふ事にすれば宣しい。然し開放絞に於ける幾分の軟か味――或場合には逆用して長所ともなし得る程度の不完全な現出は少し絞れば殆どなくなりますし３・２迄、或は更に完全を期するなら４・５迄絞ればエルマアと同程度の、否或點では夫以上の試驗に耐へる様になるでせう。

エルマアかズマアルかときかれたらやはりズマアルがすゝめたくなります。

尚ズマアルに就ては４枚玉である所から内面反射に基くゴースト・イメジの事が時々喧しく言はれる様ですが私の使つた所では格別氣にすることもない様です。

要は長所を活し短所に觸れぬ様な用ひ方をする事です。

カメラや附屬品の用法其他具體的な説明に就てはライツの説明書を御覽になつてそれを信じてよいと斷言いたします。エルンスト・ライツ社から一般に出して居る説明書には今迄一度も噓や誇張の無かつた事を私の經驗から附加へて置きます。

東京市杉並區　山野好男

## 特に何故にライカか

多くのライカ判カメラのうちで、特に何故にライカでなければならぬか、を説明せよと云ふのですか。詳しくは君も既に眼を通されたであらう、ライツ社の印刷物やライカ寫眞術の著書に明らかであると思ふので、而して夫等は其侭信じてよいものなので、茲では私自身の個人的な理由を述べさせて頂きませう。

第一に、あの素晴らしい機能的な形態美です。私もまさか、カメラを装身具とは考へませんが、自分のカメラを愛撫することは君も異存がないでせう。選擇標準がこれでは、あまりに非科學的だと云はれませうが、あの丸みを持つた落付いた美しさには、全く魅せられてしまつたのです。

然し、それにも増して私の心を牽きつけた事は、他のカメラ製造會社は後から、後からと、今日あつて明日なき種々雑多のカメラを、其時其時、最新、最良と銘打つては市場に出して居るのに、ライツ社程の世界有数の光學會社が實に唯一のカメラ、即ちライカの完成のみに全力を傾倒して居ると云ふ事でした。

私はこの一事を今の世には珍しい現象と觀、又その意氣がたまらなく氣に入つたのです。そして全世界に散在する十八萬からのライカ所有者が、この小さなカメラに熱愛を注いで居るのも尤もな事と感じたのです。私の全幅的な信頼が全く豫期以上に満足されたればこそ、どうかして親しいあなたをも、我々のフラターニテイの一員に迎へたいばかりに、熱意を込めて、この手紙を書くのです。

東京市神田區　牧村雅雄

## 機械人のみたライカ

ライカその他のカメラが、使用者としてのみの方面から、批判され検討されて居る今日私が、機械工作技術者として、異なつた角度から、即ち楽屋からみた、裸にしてみたライカの忌憚なき解剖を試みるのも、意義なくはないと信じます。

私がカメラ修理工作者として世に立つて正に十八年、そしてこの寫眞術に革命を招來したところのライカカメラを最初に裸にしてみてから凡そ十年、私自身がまたライカ使用者として相當古い經驗と、凡ゆる種類のカメラを實際に取扱ひ、分解し接したことに依つて、ライカへの認識は相當正しいと自信して居ります。

私がライカを裸にしてみて先ず第一に感じることは、優秀な技術者が到達した「最良」と認めた設計が、實に素直に無雑作に、取入れられて居ると言ふことです。

しかも、工場が一人の傑出した技術者の設計を其まゝ、命令通りに制作し採用して居ると言ふことです。この事は實にライカの偉大な長所であり美點である事を私は強調したいと思ひます。

機械といふものは總て、技術者の見た「最良」が採られて居るのが、當然であらうと考へられるのは、一應尤もですが、この當然の事とも思はれる、技術者の「最良」が極めて多くの場合採用されずして終つて居るのです。これは如何なる理由に依るのでせうか。是を説明すれば、その工場の技術者が到達したり、或は設計する一つの「最良」は、不幸にして已に他の會社に特許を獲得された場合が有るとします、斯る場合設計者はカメラ自身の機能の損失される事は認めて居りながら、次善を採用せねばならぬ事となります。

亦技術者から見た「最良」は營業部の立場から見れば、餘りに地味で、何等市場をアツト云はせる、宣傳効果ある華美な機能や形態が無いと云ふことも、素直にそれを採用せられて居ない理由となるのであります。

然るに、ライカカメラを、裸にして、検討して見ますと、私が先に申した「最良」がそれこそ、最も素直直截に變歪することなしに、設計者の奔放鋭敏なる頭脳の働きそのまゝに採り入れられて居るのであります。

技術家の意のまゝが商品となつたカメラを、私はライカに於て初めて發見し、今日でも依然としてライカにのみ見るのです。

此の一つの具體的例を、今日やかましくライカと比較批判されるに到つたカメラにとつてみませう。

ライカのもつ布製シヤター幕に對しより優秀と宣傳する「全金屬製シヤター」は、實にその製作所營業部の希望を多分に容れたものであつて、技術家の良心的設計とは到底私には考へることは出來ないのです。

何故？　金屬板の一端に穴をあけて、それに布リボンを通し、一撮影毎にリボンは金屬縁に擦られて引かれるといふ装置が、「新しく變つたもの」といふ營業宣傳効果を考慮した、營業部の希望としてより他に説明出來ませうか、殊に布紐に斯くも重要な働きをさせながら「全金屬」という宣傳は、その會社の良心をさへ疑ひたくならうといふものです。

1／2秒から1／1000秒までのシヤター調節が、實に四段の歯車切換といふ、煩雑な設計。

レンズとファインダーとの視軸の差を考慮に入れない、出鱈目とも云ひ度い——殊に近距離に於て甚しい――ファインダー位置の偏りなどは、他社のパテントを逃げて、次善を採つた例として確實に私は説明することができるのであります。

ライカが機械人の作つた、カメラだといふことはレンズの交換装置にも見られます。アストロ社の150ミリから800ミリまでの幾種類もの大望遠レンズ群を、螺子式でライカに相當確實に取附けるイデントスコープさへ、認めないといふライツの態度は、他カメラがバヨネット装置に依つて500ミリ800ミリといふ長大なレンズを取付けるといふ態度と比較して、實に機械人としての周密な用意と良心を私達は、肯定することが出来るのです。

胡麻化しを忌み、獨創に依つて明日への伸展を期する技術者の良心は、ライカのシヤターを考へると最も愉快です。

金屬シヤターを麗々しく宣傳するのを、一笑に付して、

「昔もあつたものだ。塗が剝がれ易く、剝がれゝば内部で反射を起こすところの金屬板を、布のリボンで釣つて、リボンを無理に引張つてスリツトを開けば、リボンはどうなる！」

「捲上げる毎に指先に感じるあの抵抗は、リボンの命乞ひの悲鳴だ」「ムラの出るのを、シヤターを上下に走らせて空は青いと胡麻化して居るに過ぎぬのではないか」と。

ライカのシヤターを知る程のものは、憎まれ口を叩き度くもなりませう。

ライカのシヤター幕は、掛値なしに世界第一のものです。不思議と言ふべき幕です。弱ることを知らぬ幕です。

この優秀な幕が完成されてゐる今日、著しいショックと、重さを避け得ず、他に何の益もない金屬製シヤターを使用することは、實に私の云ふパテントを逃げ、宣傳効果を考

へるコケオドシ機構以上ではないと考へます。

数年來改良されたライカ幕が、凍結したり、粘つたりするのを聞いたこともなく、また起こるべくもありません。若し萬が一起こる事がありとせば、それは幕の構造の缺陥には非ずして内部の汚れの故です。機械を手入れせず使用する罪です。

フォーカルプレーンシヤターを使用するカメラには、必ず露出ムラがあります。かのアンゴーやデックルローのムラは、有名なものですし、最も少ないグラフレックス式のものでも相當に出るのですが、今日まで別に問題となる程人々が氣附いて居りません。

同じ幕幅のシヤターが上下に、或は左右に走れば、その初めよりは終りになるに従つて加速度に依つて、露出される時間は短縮されます。ライカでは玆で機械人らしい考案をして居ります。「即ち速度が加るに従つて、幕幅が漸次廣くなつて來る」といふことです。これはシヤター製作の全く新らしい構造でフォーカルプレーンシヤターの均等露出問題を解決する唯一の鍵です。

カメラの後ろ蓋が開くといふ形式を採用したものに實に意味の無い賞讃をする人々の有るのは素人臭い話です。構造を複雑にすれば精密度の害はれる機會が多くなり、賢明な機械人の採らざるところです。

後ろ蓋を開けば、内部の掃除が為易いといふことは全然問題にならないことで、この掃除を素人の手に依つて為されると言ふことは私の幾多の經驗によつて、全く無意味のことであります。その點最初から塵の侵入を防止してゐるライカの方式は遥かに理想的であるのです。

ライカが他のカメラに比して、如何に親切にしかも、使用者の立場に立脚して設計し、一本の螺子釘にさへもその位置と取外しの際を考慮してあるかを私は毎日如實に見せられて居ます。ライカを分解すると先づ感じるのは如何にも技術家らしい合理的な組立によつて構成され、素直で無理がないと言ふことです。

組立、取外し、ともに實に圓滑に運ばれる様に親切さが行屆いて居るのです。

修理工作者の立場から忌憚なき批判を下すことを私に許されるならば、ライカは親切の方の極端であり、ライカと比肩すると一部の人々の宣傳する私の前に述べたカメラは不親切の方の極端であると私は確信をもつて誰の前にも申すことが出來ます。

取扱の過失、長期使用に依る故障、或は豫知せざる事故を考慮に入れないで、機械人はカメラを製作することは出來ない筈です。

元來この二つのカメラは、私たち機械工作者の側から云へば、到底竝べて比較や批判の出來るものではなく、全くクラスを異にしたカメラであるのであります。事實です。

ライカがロールした合金のカメラ胴を持って居るために、もし之が鋳物であつたなら、日本では修理不能と思はれる程の大故障、例えば岩の上に落としたり、道路に投げ出したりした様な場合、尚且つ致命的な損傷を免れて居ます。

しかも日本で完全に修理が出來る設備があるのです。

繰返へし私は申します。純粋な機械人によつて作られたカメラ、最高理想が其儘採入れられたカメラ、宣傳よりも先ず實を選んだカメラ、永久の使用を考へた親切なカメラ、これがライカだと、而してそれがライカだけだと。

ライカが日本に於て如何に満足に用ひられて居るか、ライカを購つたライカマンはライカを如何に使つてゐるか、十数人の感想を集めた冊子「ライカ讀本」が近く刊行されます。下記へ御申込置になると發行次第無代で送られます。

シュミツト商店　東京市日本橋區室町三丁目二　大阪市東區北久太郎町二丁目十三

〈裏表紙〉

毛皮を着て南洋へ、浴衣のままで北極へ行った男の話を吾人は未だ聞いたことがない

◇最近の某雑誌の一記事は吾々に愉快にも滑稽なる話題を提供してくれた。一コンタックス關係者に携へられたライカが冬に凍つたといふ話である。

◇南洋へは夏の浴衣を、北極へは毛皮を用意すべきである。ライカⅢa の耐寒度は摂氏零下二十度である。バード少將は数次の南極行に、スマイス氏はヒマラヤに、ピカールは成層圏に、シュミット博士は恐らく人類が地球上で經驗した最寒の北氷洋探険旅行に用ひて、ライカこそ唯一の満足なる記録機であったことを記して居る。

◇今年一月から一ケ月餘を山のスキー技撮影に専念された長谷川傳次郎氏は、氏と共にあった三臺のライカが、いかなる酷寒の吹雪の日も、何の特別の保護をも加へずして一度の例外もなく満足に働いたことを語られて居る。

◇冬山のロケーションに吾々が常に携へ行くものはライカだ、日本にもってきた６臺のライカ、これが凍るなど思ってみたこともない、とファンク博士とその隊員は笑

ふ。

吾人は寡聞にして、商品の性能の意義なき比較を大童になって研究發表する學者乃至素人をも、不幸にしてみたことがない。素人の商品比較批判は人を謬り自らの名を堕すもの、慎むべきである。

## 超高級ブランドならではの対決

かなり露骨にコンタックスを攻撃しているトコもあって、チョッと品がワルイ感じがするが、佐和九郎の記事は、ハッキリとライカを攻撃してるワケじゃない。彼が比較してるのはライカⅢａとコンタックスⅠ型だが、ライカの褒めるべきトコはチャンと褒めてて「コンタックスは決して醜い姿ではないが、実用向に重きを置き過ぎて外観美を犠牲にしている傾向がある。ライカにはクローム型があり、確かに美しい」と書いている。

佐和の採点項目のなかで、外観美がトップの項目になってるのは面白い。カメラがタダの実用品じゃなくて、ファッション・アイテムだという認識を、佐和が持ってたからだし、それはその時代のセンスでもあったのだろう。

パンフレットに掲載されていた、東京市杉並区の山野好男という人の、「私もまさか、カメラを装身具とは考へませんが、自分のカメラを愛撫することは君も異存がないでせう。……あの丸みを持つた落付いた美しさには、全く魅せられてしまつたのです」というコメントが、そのころの都会の男性の感覚を代表していると見てもいいコメントで、ライカみたいな小型カメラそのものが、かなりオシャレな、シティボーイ向けのアイテムだったということだろう。

『降り懸る火の粉……』では、シャッター幕についても触れてるトコがある。

Ⅰ型のなかの初期のモデルに、アメリカや日本でA型と呼んでるタイプがあるが、これのシャッター幕のゴム引き布がくっついて、うまく作動しないケースがたくさん出た。

ライツ社では欠陥商品をリコールしたのだが、そのあとコンパーのレンズシャッター付きの、アメリカや日本でB型と呼んでるモデルを出した。ライツ社ではこれもⅠ型のひとつで、A型とかB型とか言ってない。というより、Ⅰ型というのは、Ⅱ型が出てから、それと区別するために言いだしたことで、初めからⅠ型と言ってたワケじゃない。ライカ、というだけの名前である。

コンパー付きで、くっつく問題は切りぬけたが、そのうちにレンズが交換できるようにして、作画の自由度を広げたいという考えがあった。だからどうしてもフォーカルプレーンに戻したい。

そこでゴム引き布幕の代替品を探し回って、アメリカ製で優れたものを見つけたので、その幕を使うことにした。これで問題が解決したので、シャッターをフォーカルプレーンに戻して、同時にレンズ交換もできるようにした。

こうして出たのが、アメリカや日本でC型と呼んでるモデルである。ただ、このときはまだレンズとボディの相性が決まっていて、番号の合うもの同士しか交換できない。

⑯—戦前にシュミットから発行された「ライカ読本」。無料で配布され、宣伝効果は抜群だった。

⑰—戦後版の「ライカ読本」ともいうべき「ライカと私」。1957年。

⑱—シュミットが行なった面白いキャンペーンの一つ。「日本でいちばん古いライカをおもちの方に真新しいライカフレックスをさしあげます」1969年。

『降り懸る火の粉……』では、Ａ型で多発した問題を認めて、そのあと改良したと言ってる。ただ不凍の油脂とか言ってるのは、井上の思い違いで、幕がくっついたのは、潤滑油には関係ない。

こういう騒ぎが、ライカとかコンタックスとかの名前を、シャシンにそれほど興味のない人たちにまで広めたのは、まちがいない。

いまでいえば、カルティエとショメーとどっちがイイか、みたいなハナシで、ブランドもののカメラでなくては、つまり両方とも超高級品として認知されてなければ、こういう騒ぎにはならない。

戦前にシュミットが売ってたころ、Ⅲａにズマーを付けると、１２００円、コンタックスはそれより少し高めの設定だから、超高級ブランドの世界でのハナシなのだ。小さい借家なら５００円、東京で１０００円も出すと、庭付きのリッパな家が建てられた時代だから、１２００円と言うのが、どれくらいの価値かワカルだろう。

ライカを扱っていたシュミットも、そのへんがヨーク判ってて、ユーザーを大切にした。修理部の腕前はスゴイもんで、ブレッソンが来日したときに自分のライカをシュミットに整備に出したハナシは有名だし、戦前、戦後もイロイロとキャンペーンが盛んだった。それがブランド力を保つキモであることを、わかってたんだな。

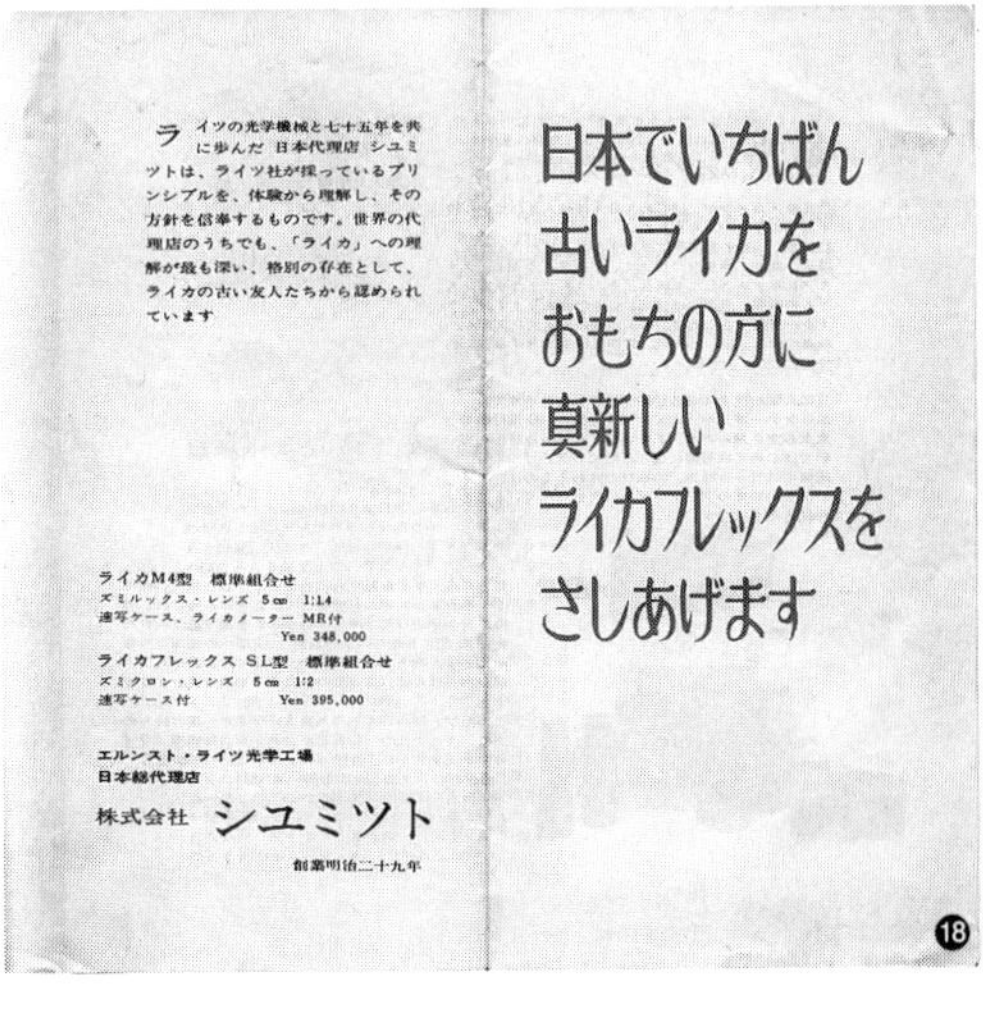

⑱

# 第4章 ライカをめぐる人たち

さて、こんな高価なカメラだったが、使ってた写真家は意外と多い。さっき私の好きな写真家の名前を書いたが、好き嫌いは別にすると、パウル・ヴォルフ博士（Dr.Paul Wolff）をはじめ、いろいろな人がいる。

## パウル・ヴォルフ

パウル・ヴォルフのライカ写真展は、戦前の日本で2回やっているから、日本で知名度の高いライカ使い写真家のトップだろう。

この人は小学生のころからシャシンを始めていて、10歳のときに父親から6×9サイズの乾板カメラをもらったのがカメラデビューだ。それで撮りまくって、第一次大戦が終わったすぐあと、というと、1887年生まれのこの人が30代の初めだが、写真集を出してる。シュトラスブルク、ライプツィヒ、ハンブルクなんかに行って撮ったモノだ。

このヒトはもともと医者になる勉強をした人で、シュトラスブルクとミュンヘンの大学で医学を勉強して博士号も取ったのだが、卒業しても開業したり勤務医になるチャンスがなかった。それで医者のほうは諦めて、シャシンに転向する。もう所帯を持ってたので、稼がなくちゃいけないからだ。

1926年の国際写真コンテストで優勝して、賞品にもらったのがライカだったのだ。ここからライカとの縁が始まる。といっても、最初はセカンド・カメラとして使ってた。でも使ってるうちにライカの性能の良さがワカッテ来て、最終的にはライカ・オンリーに切り替えたのだ。

1938年には、『私のライカ体験』という本まで出している。またこの年には、ライツ社から、彼の貢献を評価して、250000番のライカが贈呈されている。

こういうキリ番のライカを有名人に贈呈するのは、ライツ社のPR活動の一環で、ツェッペリーン飛行船を発明したフーゴ・エッケナー博士に、1928年に10000番を贈呈したのが最初だ。そのあとのめぼしいのは、スウェーデンの探検家のスヴェン・ヘディンに贈呈の25000番、成層圏に行ったピカール教授に贈呈の75000番とか、ダライ・ラマに贈呈には金メッキした55555番、シュヴァイツァー博士に贈呈の575000番とか、エリザベス女王に贈呈の919000番などだ。

エリザベス女王は大喜びで、いろんなトコへ持ち歩いてシャシン撮ってたのが、マタ写真で報道されて、ライカのクオリティ・イメージをいちだんと持ち上げるのに、たいへん役にたっただろう。

## ロタール・リューベルト

ヴォルフ博士と同じぐらいヨーロッパで有名なのは、スポーツ写真の草分け、ロタール・リューベルト（Lothar Rübelt）だろう。

⑲——ライカ写真術の生みの親というべきパウル・ヴォルフ博士。井上鐘編『ライカ写真の完成』番町書房。日本カメラ博物館ＪＣＩＩライブラリー所蔵。

最初はスポーツマンで、スプリンターだった。1928年、モスクワで開かれた「運動の芸術」という展覧会に自分が撮ったシャシンを出したが、このころはまだ9×12の乾板カメラを使っていた。

1929年に、カメラ屋から、テストしてくれと頼まれたのがライカで、すぐにライカにハマってしまった。ライカを使うようになってからは、スキーの板の先にカメラを付けて滑っていた。

1934年に、オーストリア第一の高山3797メートルの峠道が開通したときは盛大なイベントがあったのだが、リューベルトは現像焼付引伸機材を全部積みこんで、その場でシャシンをコサエテ世界中のジャーナリズムに配信した。

ほかにもたくさんのカメラマンは行ってたのだが、撮影後の処理がラボまかせだったので、完全にリューベルトに出し抜かれてしまった。リューベルトはこの装備で中部ヨーロッパの3万キロを走り抜けて帰ってきたが、彼の作品の資料館には10万カットのネガやポジが残っている。

## イルゼ・ビング

ここまで見ると、有名なライカ使いは、みなタダでライカを手に入れた感じがするだろう。でもヨーロッパで「ライカの女王」といわれるイルゼ・ビング（Ilse Bing）の場合はチョッと違う。

フランクフルトのカネ持ちユダヤ人の家に1899年に生まれて、フランクフルト大学の理数学部に入るが、すぐ歴史美術学部に転入する。1924年に卒論を書き始めるが、テーマは建築だ。だから資料に写真が必要で、1928年にフォクトレンダーのカメラを買って独学で写真を撮り始めるが、１９２９年になると、発売４年目の新鋭機種、ライカを買う。

これを使って撮りまくるが、おなじ１９２９年に、新聞社から頼まれて、週一回の契約で、フランクフルト絵入り新聞に掲載する写真を撮ることになる。このころビングが知りあったのがマート・シュタム（Mart Stam）という建築家で、バウハウスの教授をやる一方で、フランクフルト市再開発事業の主任建築家だった。

このシュタムが、ビングに対して、自分がフランクフルトで進行させているプロジェクトの全部を。記録撮影してくれという依頼を出す。それ同時に、フランクフルトにいたアーチスト・グループにビングを紹介して、サークルのメンバーにする。

こうなると記録撮影の仕事も忙しいし、カネもはいってくるから、１９２９年の夏には、卒論の博士論文の執筆をヤメて、学業から撤退する。家族にはショックだが仕方がない。

１９３０年には現代写真展覧会がフランクフルトで開催されたのだが、スイスに本拠をおいてパリで活躍してる女流写真家の、フロランス・アンリの作品を見て衝撃を受けて、自分もパリに移住してしまう。

パリに着いたあと、フランクフルト絵入り新聞の仕事をしていたときのライターと再会して、彼の書いた記事のイラスト写真などを撮るシゴトを始める。

仕事先はドイツ系の媒体が多かったが、彼女は、「パリ・ヴォーグ」などのフランスの有名媒体とも仕事を始め、１９３３年には、アメリカの「ハーパース・バザー」にまでシゴトを広げる。

彼女はシゴトの写真を撮る現場で、自分の面白いと思うアングルでも自分用のシャシンを撮って、これをアルバムにしておいた。１９３１年にフランス写真協会の主催で、第26回写真芸術サロンがパリで開かれるのだが、ここで彼女がアルバムで取っておいた写真が展示される。

評判はすごく良くて、当時の有名な写真家のエマヌエル・スジェ（Emmanuel Sougez）は、彼女のダイナミックな映像に感心して、「ライカの女王」というニックネームで彼女の記事を書いた。これがまた評判になって、ビングすなわちライカの女王という認識が定着するのだ。

小型カメラの発展に貢献した、ということで、ライツ社は新しく開発されたライカRを彼女に贈呈している。

## エーリヒ・ザローモン博士

エーリヒ・ザローモン博士も、初期のライカを使って膨大なシゴトを残した。彼はベルリンにあった世界最大の出版社のウルシュタインに勤めて、広告のコピーとかを書いてた。

ベルリン工科大学で機械製造を勉強したあと、ミュンヘンで法学を専攻して博士号を取ったのだが、ブルジョアだった実家が第一次大戦後のインフレで資産がなくなったので、彼も稼ぐ必要が出てきた。

タクシー会社とかやってた時に、新聞に求職広告を出したのが、たまたまウルシュタインのオーナーのレオポルトの目にとまって、就職することができたのだ。それが１９２５年だった。

ある日、たまたま同僚が急病で、法廷の取材に行けないということで、彼が代理で行

⑳——エーリヒ・ザローモン「盗撮王が来たぞー!」Erich SALOMON >>Mit Frack und Linse Durch Politik und Gesellschft<< Photographien 1928-1938 S.105, Herausgegeben von Janos Frecot für die Berlische Galerie Schirmer/Mose

った。その法廷で、帽子の中にアトム判の乾板カメラ、エルマノックスを隠して、法廷の情景を盗み撮りした。これが掲載されたウルシュタインの週刊誌、「ベルリナー・イルストリールテ」がバカ売れして、ザローモンは取材の担当になった。

エルマノックスにはエルノスターF2とかF1・8とかの明るいレンズがついていたので、室内での撮影には便利だったのだが、何しろ乾板カメラで、携帯性がワルイ。そこでザローモンは、友人のパウル・ヴォルフの奨めもあって、ライカに乗り換えて、取材しまくった。

こうなってくると、会社勤めでは何かと制約があるので、独立して映像ルポルタージュ活動を続けた。そのころの彼は世界的に有名で、重要な国際会議などに関係者みたいなタイドで乗り込んで、盗撮しまくった。

外交官のひとりが、「あっ、盗撮王が来たぞ」と彼を指さして、仲間と笑っている写真が残っている。法廷の盗撮は彼の特技で、アメリカの最高裁大法廷まで盗撮した。ホワイト・ハウスの写真取材を許可されたのも、彼が最初だ。

彼が在籍していたウルシュタインが出していた「ベルリナー・イルストリールテ」(Berliner Illustrierte)は、1920年代のはじめに200万部を売った、世界最大の写真週刊誌で、総編集長が前にも書いたクルト・コルフ、写真編集長がクルト・シャフラ

⑳

ンスキ（Kurt Szafraski）だった。

## アルフレート・アイゼンシュテット

アメリカで「タイム」と「フォーチューン」を出していたヘンリー・ルースが、この週刊誌の売れ行きに目をつけて、コルフとシャフランスキをヘッドハンティングして、アメリカに呼ぶ。そして１９３４年に創刊したのが「ライフ」（LIFE）だ。テレビのない時代、アメリカの映像ジャーナリズムを代表した週刊誌で、一時は８５０万部という発行部数だった。

コルフとシャフランスキがアメリカでライフを立ち上げると、それまで「ベルリナー・イルストリールテ」に写真を渡していた写真家が、ほとんど全部ライフのほうに移ってきた。

その代表格はアルフレート・アイゼンシュテットだ。彼は19世紀末にプロイセンのディルシャウに生まれたが、間もなく

㉑――アイゼンシュテットの代表作「タイムズスクェアのキス」（LIFE誌、１９４５年８月27日号掲載）
㉒――右掲載号の表紙。
㉓――アイゼンシュテットのライカⅢａ。
©WestLicht-Auction

一家はベルリンに引っ越す。14歳のときにコダックのカメラを買ってもらって、すっかり写真にハマってしまう。

プロの写真家になった彼は、フリーランスでドイツの新聞社などに写真を売っていて、宣伝大臣のゲベルスなどとも親しくなるが、もともとユダヤ人なので、だんだんドイツでの居心地が悪くなり、アメリカに渡って、ちょうどそのころ立ち上がった「ライフ」の専属カメラマンになる。

彼が愛用してたのがライカⅢaで、彼が有名になった「タイムズ・スクエアのキス」とか、1993年に撮ったクリントン大統領一家の写真とかには、みなこれを使った。

このカメラが2013年5月25日にウイーンのオークションに出たが、実に11万4000ユーロで落札された。レンズは50ミリのズミターが付いている。

## アンリ・カルチエ・ブレッソン

ライカ使いで、おなじくらい有名なのは、アンリ・カルチエ・ブレッソン（Henri Cartier-Bresson）だ。

彼はキュビスムやシュルレアリスムなどの影響を受けたシャシンを撮っていたが、ライカを使うようなってから、裏通りなどのリアリズム写真を撮るようになり、ロバート・キャパ、デヴィッド・シーモアなどと、マグナム・フォト（Magnum Photos）を立ち上げる。

彼がいちばんライカにほれ込んだ点は、その小ささだ。撮られている相

㉓

手に気付かせないで、自然なシャシンができる、と彼は言う。

盗撮の大家だったザローモンが、エルマノックスからライカに乗り換えたのも、おなじような理由からだろう。

ライカ以前から、90度に光路を変えるファインダーが売られていて、これは狙っている被写体を真横にして撮影できた。発想はおなじことだ。

## ロバート・キャパ

ロバート・キャパ（Robert Capa）もライカ使いで有名だ。

キャパというのはペンネームで、ほんとはフリードマン・エンドレ・エルネーというハンガリー出身のユダヤ人だ。

写真家としてデビューする前にはいろいろ苦労したが、同棲してたドイツの写真ジャーナリストのゲルダ・タロー（Gerda Taro）がいろいろ売り出しの世話を焼いたオカゲで、フランスの写真雑誌「VU」に写真を売り込むのに成功した。これが有名な「崩れおちる兵士」で、「VU」の1936年9月23日号に掲載されている。

その後アメリカの「ライフ」の1937年7月12日号に同じシャシンが掲載されて、すごい評判になったので、ロバート・キャパは有名写真ジャーナリストの仲間入りができた。撃たれた兵士が倒れ込む瞬間を捉えたシャシンで、戦場写真の傑作ということになっている。

キャパは写真家としてシゴトを始めた時点で、ライカを使っている。

ちなみにゲルダ・タローというのもペンネームで、彼女が親しくしてた岡本太郎の名前を取ったものだ。

## アマチュア写真家とライカ・ジャーナリズム

アマチュア写真家でも、ライカを使って有名人を撮ったヒトは多くて、ニューヨーク・フィルの楽員のアドリアン・ジーゲルもその一人だ。

彼はアルトゥーロ・トスカニーニ、ヤシャ・ハイフェッツ、グレゴール・ピアティゴルスキーなどのポートレートを、ライカを使って撮っている。

ライカが有名になって、ユーザー層が拡大してくると、ライカ・ジャーナリズムが生まれてくる。

1931年には、「Die Leica」という名前の雑誌が創刊される。出したのはクルト・エマーマンだ。これが法律的な理由で「小型カメラ」という名前に変わって、1942年まで続いている。

エマーマンは『ライカで撮る写真』という本も出してるし、ライカ・ジャーナリストの草分けだ。パウル・ヴォルフ博士も、『私のライカ経験』というのを出してるし、1941年になると、ハインリヒ・シュテックラーが『ライカによる一般撮影と学術撮影』という本を出す。

戦後にはキッセルバッハの『ライカ・ブック』が1956年から1969年にわたって出てるし、1987年にはハスブルックが出した「ライカ」という図鑑があるし、1995年にはジャンニ・ロリアッティの『ライカ　最初の70年』が出る。

日本でもライカ・ジャーナリズムは盛んで、「月刊ライカ」というのが1934年に創刊される。ドイツの「Die Leica」とも繋がりはあったみたいだ。Die Leicaが名前を変えたのと同じ1936年に、「月刊小型カメラ」という名前になっている。編集長は堀江宏で、出してたのはアルスという出版社だ。これは北原白秋の弟の、北原鉄雄がやっていた会社だ。

また、北野邦雄が社長をやっていた光画荘という出版社があって、これもライカ関係のものを出していた。この光画荘が写真工業社になったのだ。

## おわりに――神聖ライカ帝国のチカラ

オトコのすきな三種の神器は、クルマ、時計、カメラだろう。
その中でいちばん高いのは時計で、数千万円クラスの、キャビノチエ（小さなアトリエ）から出ているモノはたくさんある。クルマもロールズ・ロイスのファントムのエクステンデッド・ベースだと5600万円ぐらいだから、やっぱり時計と同じぐらい高い。それに比べると、カメラは安くて、いちばん高いライカでも、1000万円を超すことはない。

でもいちばんネダンが安いのに、クルマのロールズ・ロイスとか、時計のパテーク・フィリップやヴァシュロン・コンスタンタンとかと比べて、ライカ伝説の数は、圧倒的に多い。

つまりライカは、それだけノウガキを言いたくなるアイテムなのだ。いかに素晴らしいかを自慢したくなるモノなのだ。またそれが言われたヒトの記憶にのこって、違うヒトに言われて、またそのヒトが違うヒトにというふうに、ひろがって伝説の輪を作ってゆくのだ。

こういうことを起こさせるチカラは、そのアイテムの何から来るのだろうか。
それは性能だけじゃない。性能のヨサも不可欠だが、それだけじゃない。必要な性能を備えながら、ひとつ格が上の名品でなくてはならない。その格を上げるためのエレメント、それは何か。

それは結局、美しさである。観賞の対象になれるほどの、デザインのヨサ、仕上げのミゴトさ、工芸性、気品、そういう要素のあつまりである。

ライカは性能のヨサを持ちながら、美しさも持っていた。性能のヨサだけなら、ライカに匹敵するカメラ、いや、ライカを超えるカメラもある。しかし美しさも備えた「名品」は、ライカのほかには、ない。ライカについてノウガキが、ヒトのこころに残って、広まって伝説作ってゆくチカラを持っているのは、ライカの性能がよくて、おまけに美しいからなのだ。

パテーク・フィリップやヴァシュロン・コンスタンタンにも、美しい時計はある。でもライカほど、飛びぬけた美しさを持つアイテムはない。

ロールズ・ロイスにも、美しいモデルはある。ファントムのインペリアル・リムジン・ド・ヴィルなどは美しいが、結局は乗り物だから、土臭い、埃っぽい感じから抜けきれない。それに比べると、ライカは典雅だ。上品だ。

こういうことをまとめて考えると、ライカというのは、工芸品のレベルに達した稀有なカメラで、オトコの三種の神器のなかでも、ぬきんでた美しさで輝いているアイテムだ。

神聖ライカ帝国の皇帝として君臨しても、当然だろう。

◉コラム2

# 国産ライカ事始め

森 亮資

## カメラ大国日本、最初の一歩

現在、日本を代表する光学機器メーカーといえば、ニコンとキヤノンだろう。

ニコンは1917年に国策の光学兵器メーカーとして帝国海軍と三菱財閥の庇護のもとに誕生した。対してキヤノンは、いわゆる〝民間ベンチャー企業〟として1933年に「精機光学研究所」としてスタートした。

当時、カメラ業界の耳目を集めていたのはドイツ製の35ミリ精密カメラ、ライカとコンタックスであった。これを何とか国産化出来ないか？ と考えたのが、映画機械職人の吉田五郎である。

吉田はアメリカのウエスタン・エレクトリック製のトーキー機材を参考に、土橋兄弟と共に国産初のトーキー映画機材を製作した人物である。当時、トーキー映画は最先端の技術だったが、吉田は正規の工学教育を受けたことは無かったものの、持ち前の器用さとカンの良さでこれを作り上げた。

この成功で、吉田は土橋兄弟とトーキー映画機材を製作する会社の創設を考えたが、土橋兄弟が役員級の待遇で大手映画会社、松竹に引き抜かれ、計画は頓挫した。そこで考えたのが「国産ライカ」を製作することである。

吉田は、1932年にライカに連動距離計が搭載されたライカDⅡが発売されたのを見て

「これは、今までのカメラには無い革新である」

と直感した。そこで山一證券に勤めていた義弟の内田三郎を口説き落とし、精機光学研究所を設立する。場所は東京・六本木にあった竹皮屋アパートの最上階であった。

吉田は熱心な仏教徒で、とくに観世音菩薩に傾倒していた。だから、カメラの名前を「カンノン」とした。これがキヤノンの名称のルーツ

❶—カメラ大国日本の最初の一歩を印した男、吉田五郎。宇津井健ばりの男前である。写真は50代の頃のもの。

❷—吉田五郎と共に精機光学研究所を創設した内田三郎。現在の㈱キヤノンの創業者である。

となるである。

吉田の〝思いつき〟から始まった小さな一歩は、現在のカメラ大国日本の大いなる最初の一歩になったし、ライカ登場の与えたインパクトがいかに大きなものだったのか忘れてはならない。

## 技能者と技術者

さて、吉田五郎によって国産ライカの開発が始まったはいいが、ナカナカ成果が上がらない。資金提供をしていた義弟の内田は東京帝大政治学部出の俊才だったが、メカのことがまるで判らない。

そこで今でいう外部評価者を連れてきたのだが、それが恐ろしいほどの適任者だった。陸軍で航空カメラなどの開発で実績のある歩兵第一連隊の山口一太郎大尉という人物だ。

そう、陸軍大将、本庄繁侍従武官長の娘婿で二・二六事件では直接蹶起にこそ関わらなかったが、岳父を通じて様々な工作に暗躍した人物である。内田と山口はたいそう仲が良かったが、吉田と山口は犬猿の仲……まさしく水と油である。

それも致し方ないコトで、吉田は機械職人で「技能者」であり、図面の1枚も書けない。その点で、ライカを発明したオスカー・バルナックと似ている。

対して山口は陸軍技術開発本部にも属した当時としては数少ない本格的な「技術者」であった。

技能者と技術者が相容れないのはよくあることで、現在でも設計を行なう技術者と、実際にモノを作る生産現場の技能者がぶつかることはよくある。モノ作りの永遠の課題でもある。かい摘んでいうと山口は「これでは、モノにならない」と、吉田を厳しく評価した。

結局、内田は山口の意見を受け入れ、吉田は「カンノン」開発から手を引き精機光学研究所から出て行ってしまった。その後、内田は日本光学（現㈱ニコン）に援助を求め、レンズや距離計連動装置を開発してもらって、合作で出来たのが「ハンザ・キヤノン」である。

ここで吉田の名誉のためにいうと、ハンザ・キヤノンの造形、とくに軍艦部のデザインはなかなか秀逸で、センスさえ感じる。内田は、吉田の助手に図面を書けるエンジニアをつけるべきだったのじゃないだろうか？　そうすれば、

❸——「国産ライカ」開発に協力した歩兵第一連隊・山口一太郎大尉。陸軍の航空カメラ等の開発に携わった技術者であった。（提供・朝日新聞社）

きっとアイディアいっぱい、才気煥発な吉田は「日本のオスカー・バルナック」になれたのかも知れない。

## シャッター幕の真実

「カンノン」開発のエピソードとして知られているのがシャッター幕に航空用カメラのものが使われていたというのがある。その出典元の内田三郎回顧録によれば、

「私がフォーカル・プレン・シャッターに用いる国産のゴム引きの幕が暑さのためにベトついて困ると言うと軍の航空写真機の幕を一反持ってきてくれて大いに助かった事があった」

とある。

そこで僕は、ふと疑問に思ったコトがある。当時の乾板を用いる大型の航空写真機用のシャッター幕は厚手のもののはずで、小型の35ミリカメラ用シャッター幕に使えたのだろうか？

その永年の疑問を解く機会となったのは、2012年、「ハンザ・キヤノン」の量産試作機を手に入れて2年がかりで復元を行なったときのコトだ。

このハンザ・キヤノン量産試作機は吉田が製作したカンノンカメラの部品が多数使われている。というか、検証の結果、カメラ本体は、"HANSA Canon"と刻印されている以外は、ほぼカンノンのそのものと考えられるものだった。幸い、シャッター幕はオリジナルのままだった。

❹

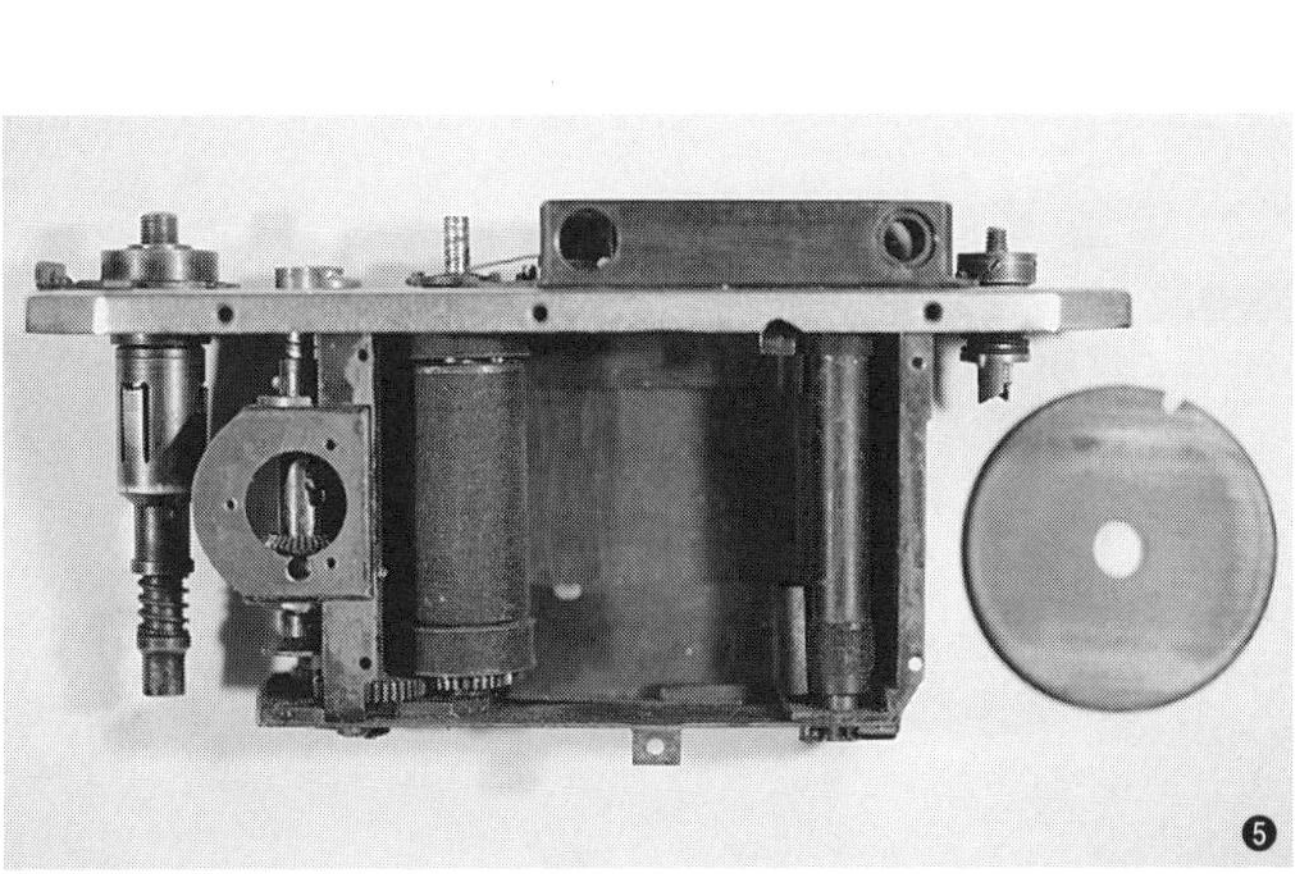

❺

❹――ハンザ・キヤノン量産試作機。
❺――ハンザ・キヤノン量産試作機の分解写真。オリジナルのシャッター幕が付いた状態。

そこで、懇意にしている大阪府在住のカメラ修理家、新田佳彦氏にカメラ本体の修復と復元を依頼した。カメラを稼働させるには劣化したオリジナルのシャッター幕は交換の必要があり、取り出されたシャッター幕は僕の手元に届けられた。

シャッター幕は、薄手のもので航空写真機用のものとは考えられなかった。修復を手掛けた新田氏とはこの件について、ずいぶん話し合ったが、

「この構造で厚手のシャッター幕を使うと、正確なシャッター速度を出せない。それに、シャッタードラムに厚手のシャッター幕を巻き込むと、ドラムの直径が大きくなるので作動に支障を来すから、最初から薄手のシャッター幕を使ったに違いない」

という結論に行き着いた。

他にハンザ・キヤノンの量産試作機か、カンノンそのものが出てきたら比較調査するのが妥当だが、今のところ僕が手に入れたハンザ・キヤノン量産試作機が、現存するものでは最古で、これ以上の調査は限りなく不可能に近い……というのが実情だ。しかし、常識的には航空写真機用のシャッター幕は使われなかったと、考えるのが妥当だろう。

メカに疎かった内田三郎は、そのことが判らず友人の山口一太郎に感謝しただろうが、ライカのメカニズムに精通していた吉田五郎は、

「こんなモノ渡されても、役に立たないよ。判ってないなァ……」と、内心思ったに違いないし、山口に対しても、「エラそうなコトいっているくせに、ライカのことをまるで判ってない」と不信感を募らせたことだろう。

さて、歴史のロマンからいえば、航空写真機用のシャッター幕が出てきたら面白かったのだが、真実とは、えてしてこんなモノ……というのが、僕の感想だ。で、取り出されたシャッター幕は、ゴムが劣化してボロボロになっていた。

なお、このハンザ・キヤノン量産試作機は国立科学博物館の産業技術史資料アーカイブに「現存する国産最古の35ミリ精密カメラ」としてネットで公開されているので、ご興味のある方は、一見して頂けたら幸いである。

# 第III部

# 神聖ライカ帝国vs大ツァイス連合

森 亮資

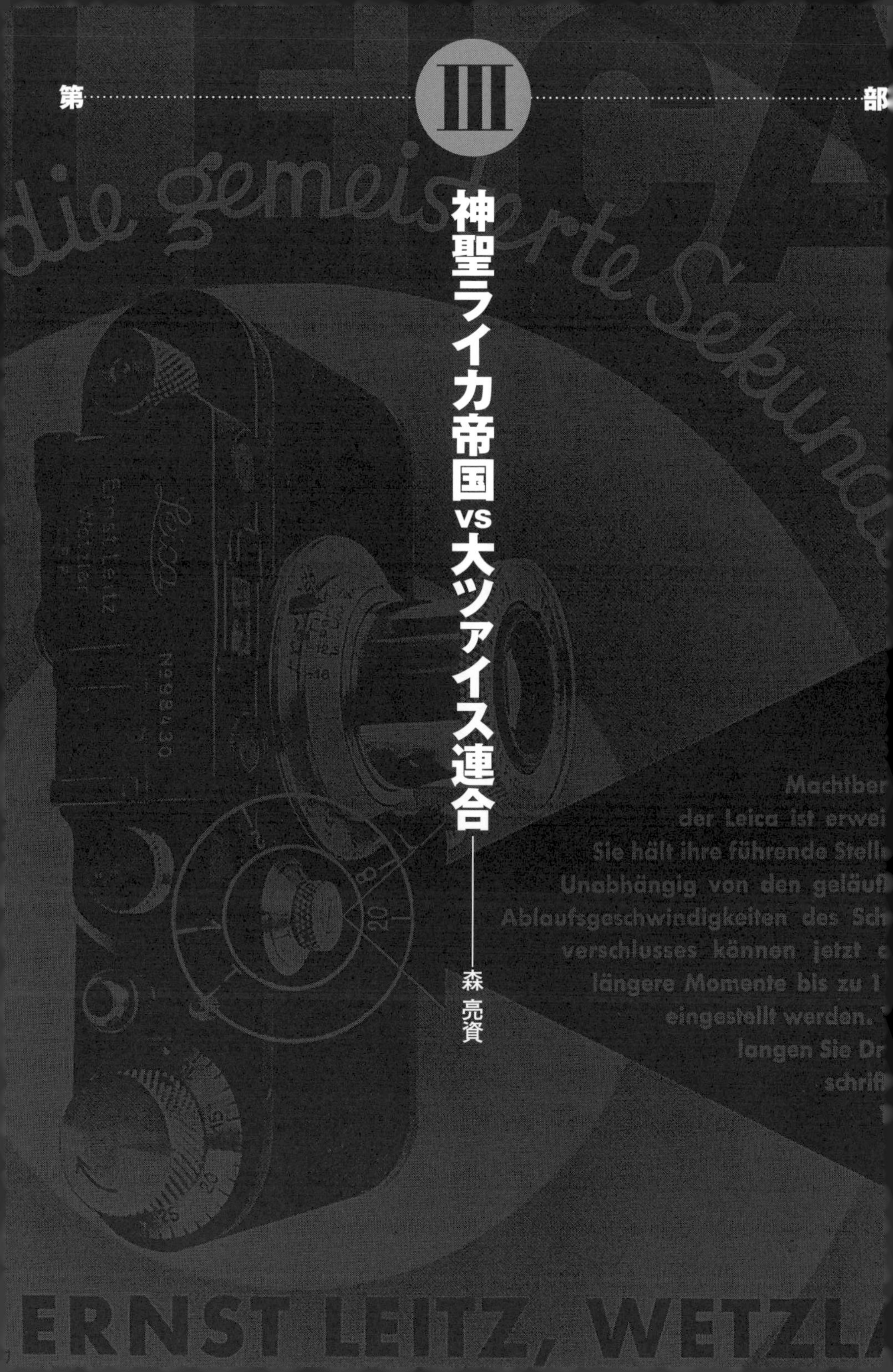

## はじめに

光あるところに影がある。

光が、強ければ強いほど、影という名の闇は深く、そして濃くなる。そして、あまりに満ち満ちた光は、人から視界を奪い闇に等しいものとなる。

光と影、それは同一のものなのだ。

神聖ライカ帝国が光だとすれば、大ツァイス連合（Groß Zeiss Verbund）は闇だ。なにも、最初から闇だったわけじゃない。19世紀、カール・ツァイス財団（Carl-Zeiss Stiftung）をエルンスト・アッベ博士（図1）（Dr.Ernst Abbe）が創立した時は、アッベ博士の人類愛、科学への信仰と夢みたいなところから始まった。少し懐かしいフレーズを引用すれば「人類の進歩と調和」と云ったところか。

手厚い労働者の保護と待遇は、世界的に有名な話だし、研究成果は特許とせず学術誌にすべて公表、特定の経営者を置かず、ツァイス傘下の企業の活動はツァイス財団の理事会の、人類の科学の発展に寄与するためという目的でのみで動く。当初からツァイスの製品は高価だったが、それは人類進歩の為のお賽銭と考えれば良い。これはまさしく、科学への信仰とさえ云える、神々しいまでの人類愛の光で満ち溢れているではないか！（図2）

しかし1905年、アッベ博士の死後あたりから、ツァイスは変わってしまう。競合

❶――エルンスト・アッベ博士。（1840―1905）

企業、例えばC・P・ゲルツの台頭などが挙げられよう。この企業は第一次大戦では、全ドイツ軍で使用される光学兵器の実に70パーセントを供給した実力あるメーカーだ。（後述するが、ツァイスは、この企業を無慈悲なまでに解体する。まるで、古代ローマがカルタゴに行なったような……）

また、特許を取らずに学術誌に裏も表も全面公開なんて、理想主義的すぎる。だから、これを止めてしまった。

そして、ツァイスは過剰なまでに優れた頭脳を欲した。アッベの夢見た理想社会を実現するためだが、そうなると博士（Doktor）や、その上の教授（Professor）の学位か高学歴者ばかりが集中することになる。

それは、別に悪いことじゃ無かったけど、学歴が無いと出世できない組織となり、組織が硬直化してしまったのだ。そうなると、才能はあっても学歴の無い者は、出世の見込めないツァイスから去るしかなかった。ライカの発明者であるオスカー・バルナック（Oskar Barnack）も、そんな一人だ。

その頃から、ツァイスは暗黒化したのだ。有り余る力で、光学産業界を支配しようとする。あまた多くの才能ある人材を擁し、他の追従を許さぬ高い技術力、豊富な資本力を武器に、全てを支配することへと突き進むのだ。手段を選ばぬ支配、それは堕天した天使の漆黒の翼のような深い闇——まるで深淵を覗けば、取り込まれてしまいそうな——で、ドイツ光学機械産業界を覆い尽くす。そして、大ツァイス連合とも云うべき一大コンツエルン（Konzern）を形成するのだ。

カール・ツァイスの歴史を読み解く時に、必ずと云ってよいほど感じるどこか暗い影、その正体こそが、暗黒化したツァイスの深淵の闇なのだ。

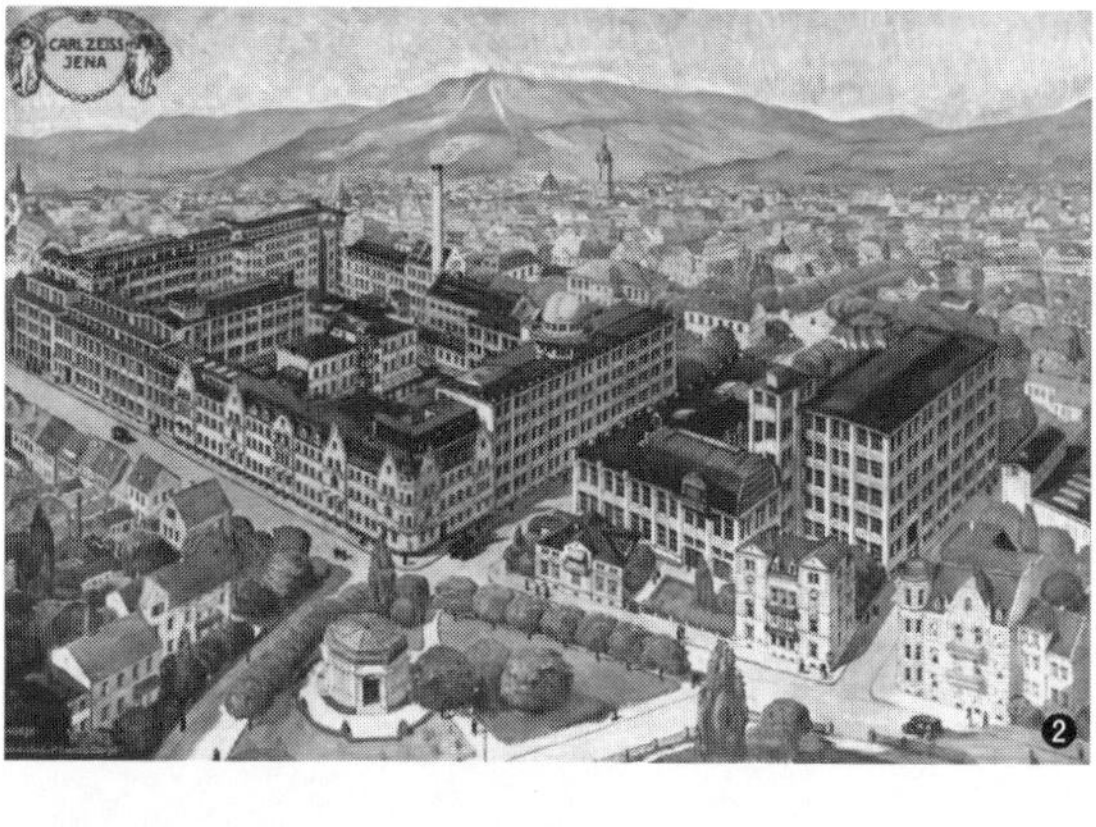


❷——1910年頃のカール・ツァイス・イエナ。

カメラという、たかが一耐久消費財こそ日本に主導権を奪われはしたが、この21世紀においてもドイツ光学機械産業は健在であり、世界市場でも強力な存在だ。しかしそれは、未だ20世紀の大ツァイス連合の残光、冬の夕暮れのような、長い長い影を背負っている。

この闇と、敢然とわたり合ったのが神聖ライカ帝国である。

激動の20世紀ドイツ史のなかで、同業他社が、次々とツァイスに呑み込まれてゆくのに対して、徹底して独立性を有し、しかも絶対不可侵のブランド力までも築き上げたのだ。こんな例は稀有と云っていい。

よく超巨大資本ツァイスと、町工場ライツという例えがある。間違ってはいない。しかし、この町工場は、超巨大資本にとって実に目障りな存在であった事実は、あまり知られていない。なぜ、そんな目障りな存在をツァイスの闇は呑み込めなかったのか？

ワイマール時代から、ナチス第三帝国時代にかけての神聖ライカ帝国ＶＳ大ツァイス連合の暗闘とも云える歴史……話は第一次大戦後の破滅的大インフレからはじまる。

# 第1章 ツァイスの闇の深淵

## 1・1 歴史を見るまなざし

そんな話を始める前に、やっておかなきゃならないことがある。

それは、思考の整理だ。つまり、歴史的事実を繋ぎ合わせても、それでは歴史にならない。あーいうコトもあった、こーいうコトもあった、そんなのどこかの本を読めば書いてあるし、まして年表の丸暗記なんて愚の骨頂だ。因みに、ホントの意味で年表を使いこなせるのは、歴史に通じた、かなりの手練れだと云っておこう。

かつて、澁澤龍彥は有名な「エロス三部作」のなかで思考や精神の排泄物が、文学であるという意味のことを語った。澁澤ならずとも、モノを書く人は大なり小なり普遍的に同じ感慨をもつことだろう。しかし、徒手空拳でやるわけにはいかない。それは、ある程度は文法（Grammatik）に従わなければならない。

僕の云わんとするところは、歴史を見るまなざし、それは解釈の基礎となる史料の選び方にはじまり、解釈の仕方、その根拠も必要となる。

本書のタイトルは『神聖ライカ帝国』だが、逆説的に大ツァイス連合の姿を炙り出すことで、神聖ライカ帝国VS大ツァイス連合の暗闘の歴史をあきらかにするのも、決して無意味ではないと確信する。

ここに、自信をもって提唱する。

堕天したツァイスの闇の深淵から、逆に光の世界を覗きこむのだ。

ここに、4冊の文献紹介と簡単な考察、そして僕なりの解題を行なう。

さて、コンタックス研究の有名どころでは、ハンス・ユルゲン・クッツの『コンタックスのすべて』[*1]がよく知られている。これにはコンタックス開発チームの統括者であったハインツ・キュッペンベンダー博士（Dr.Heintz Küppenbender）をはじめ、多くの関係者へのインタビュー、またその開発の経緯を記した重要な史料が掲載されている。

しかし、お題である神聖ライカ帝国VS大ツァイス連合を読み解く歴史的考察は見つけだすことは困難だし、その背景となるワイマール体制ドイツから第三帝国時代に起こったカメラ史のみならず光学機械産業史に起こった、技術革新についての分析も不十分である。

エミールG・ケラーの『ライカ物語』[*2]は、どうだろうか？　かってのライツ社も、現在のライカ・カメラAGも社史というものが無い。『ライカ物語』は、その点で一般に社史に準じる評価を受けるに充分な内容を備えている。とくに、オスカー・バルナック個人についての記述や、開発の経緯を知る貴重な史料が掲載され、あまた多くあるライカ解説本の類とは一線を画する。翻訳が竹田正一郎ということもあって、サラサラ読めてしまうのだが実に重要なことを、これまたサラリと書いているので、肝心なトコロと読み落としている読者も案外と多いのじゃなかろうか？

その点で、ケラーの『ライカ物語』はライカの歴史を知るには、うってつけだ。しかし、もちろん問題はある。どうしても、ケラー自身の回顧録という側面が強く、クッツの著作と同様の問題点を抱えている。つまり主観的、これだけでは神聖ライカ帝国ＶＳ大ツァイス連合の暗闘の歴史は見えてこないのだ。

そこで学術の力を借りて、経営史学という観点から見たものではどうか？

お勧めは、カール・ツァイスのアルヒーフ（Archiv）史料を駆使したイエナ（Jena）大学のロルフ・ヴァルター（Rolf Walter）の書いた*Zeiss1905—1945*[*3]である。１９２０年代のZeiss-Ikon AGの成立の経緯や、ツァイスでオットー・エッペンシュタイン博士（Dr.Otto Eppenstein）らが確立した工業用精密計測の技術が産業全般の合理化に及ぼした影響などについての記述は注目に値する。

え、どうして工業用精密計測の技術と耐久消費財であるカメラが関係あるのかって？それも、また後述するがライカにしてもコンタックスにしても、史上初のテクノロジー・インテンシブ（技術集約）の塊のようなカメラだから、実にさまざまな要素となる技術から成り立っていて、裾野が広い。カメラの話をするのに、カメラだけ見ていてもダメというのが僕の持論だ。

話を戻すが、ヴァルターの著書は非常に示唆に富んでいるし、史料的な価値も高い。しかし、経営面での記述が中心であり、さすがに30年代にエッペンシュタインらが確立した精密計測の技術が、カメラ開発に及ぼした影響についてまでの論及はないし、その気も無いだろう。

大ツァイス連合が地球くらいの大きさだとすれば、ライカとコンタックス云々なんて話は、ピンポン玉くらいの大きさしか無い。だったら、こんな書き物、意味無いじゃないか、やめとけとか思うかも知れない。しかし、そのピンポン玉の中にはエッセンスがギッチリと詰まっている。

　そろそろ、文献紹介を切り上げて解題といこう。

　神聖ライカ帝国VS大ツァイス連合の暗闘を叙述するのに重要になってくるのが、1920年代のカール・ツァイスグループによるドイツ・カメラ産業の再編と、コンタックスを開発したツァイス・イコンの成立史を、どのように見るかという視点だ。

　先にも触れたクッツの『コンタックスのすべて』や、ヴァルターの*Zeiss1905-1945*は、カール・ツァイス内部の視点から書かれたものである。そして、ケラーの『ライカ物語』はライカの歴史を知るには、うってつけだ。

　でも、これだけでは一味足りない。見えてこない。

　そこで、僕はくわえて旧東ドイツVEB-PENTACONのカメラ技術部長であったリヒャルト・フンメル（Richard Hummel）の『東ドイツカメラの全貌〜一眼レフカメラの源流を訪ねて』（以下『全貌』と略す）[*4]の歴史叙述に注目する。フンメルは第二次大戦前にドレスデンのイハゲー社（Ihagee）に見習い工として入社し、一眼レフのパイオニアであるエクサクタ（Exakta）の開発に関わり、戦後は設計部長までなった叩き上げで、激動のドレスデンのカメラ産業史の中で生きた人物である。僕は、フンメルの視点を重視する。

　ライカでもない、ツァイスでもない、そんなフンメルの視点から、参考史料に充分に資する文献の記述をもとに、ツァイスの闇の歴史に切り込んでみよう。

## 1・2　大ツァイス連合によるドイツ光学機械産業の独占支配

『全貌』では、ドレスデンを中心としたドイツのカメラ産業が、いかにして大ツァイス

・連合によって統合され、巨大企業ツァイス・イコン社が成立したか、そしてまた、独立系のカメラメーカーが、いかに大ツァイス連合に抗ったかを対比させながら、歴史叙述をおこなっている点が注目される。

ドレスデンを中心とするドイツのカメラ産業は、第一次大戦後の大インフレなど不安定な経済状況下、激しい過当競争の末に深刻な経済危機に陥った。この機に乗じ、大ツァイス連合による合併の動きが始まる。

1926年のツァイス・イコン社の設立の背後には、ドレスデンのイカ社（ICA）（筆頭株主はツァイス財団で、子分みたいなモノ）を脅かす競合メーカーすべてを合併せんとするカール・ツァイス財団、理事会の意図があった。[*5]その結果、映画機材で有名なドレスデンのエルネマン社(Ernemann)、各種の独創的カメラの製作で知られるシュッツトガルトのコンテッサ・ネッテル社（Contessa-Nettel）、更にツァイス以外で唯一、写真レンズ開発から光学ガラス・レンズ製造まで一貫した開発能力を有するベルリンのC・P・ゲルツ社（C.P.Goerz）などが大ツァイス連合傘下に合併され、（図3）で示すような、大ツァイス連合グループによるカメラ産業の支配体制が完成した。

ツァイス・イコン社の1926年の資本金は1250万RM、[*6]従業員数は約5000人で、[*7]ツァイス財団の株式保有率は53・1％である。[*8]その結果、カメラ産業の中心地であるドレスデンには、従業員500人以下の新興の独立系メーカーしか残らず、ドイツの主要カメラメーカーのほぼすべてが大ツァイス連合グループの傘下となり、限りなく独占に近

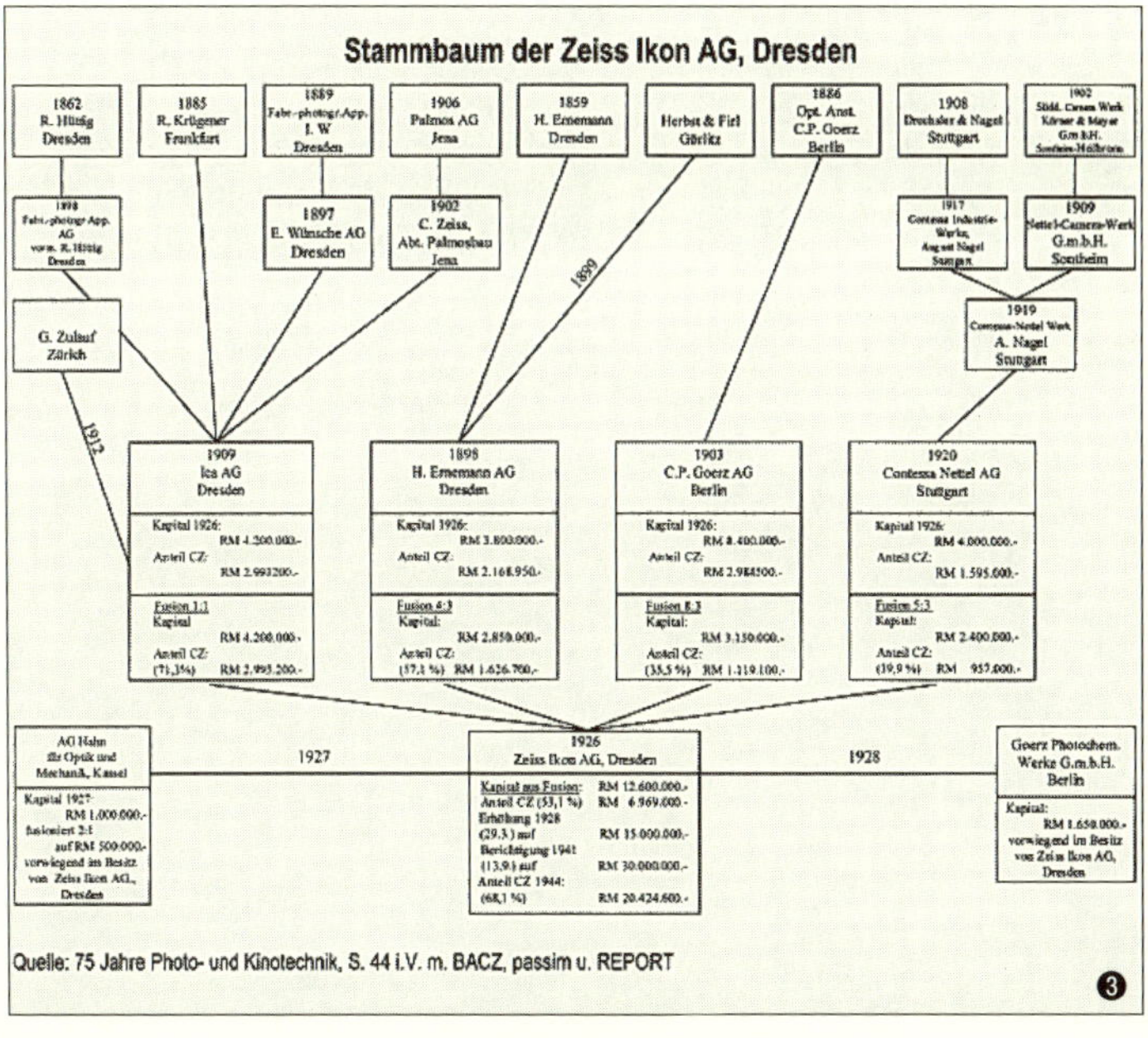


❸――ツァイス・イコンAGの系統図。Rolf-Walter "Zeiss1905-1945" (2001) S.140

い状態になった。

しかも、カメラメーカーにとって生命線ともいえる写真用レンズの光学ガラス製造を、ツァイス連合のショット社（Schott）が独占することとなった。*9（図４）なぜならばゲルツ傘下のゼントリンガー（Sendlinger）光学ガラス工場が、ツァイス・イコン社に合併する際に、協約に従って操業を中止したからである。

この背景には、ベルサイユ条約の発効という事実もあった。条約は光学ガラスなどの軍需物資の製造を、ドイツ国内で1業種1社に制限したからである。これにより、かろうじて独立を守り通したメーカーも、写真レンズ製造に必要な光学ガラスをショット社から買うか、またはレンズをツァイスから購入しなければならない間接的な支配下に置かれた。

このような状況下、ツァイス財団の経営陣でもある理事会は、ツァイス・イコン社に命じて、１９２９年には合併４社の製品を綜合して６００種類を超えていたカメラを整理して製品数を絞らせ、また従来の規範から脱した新規カメラの開発を行なわせた。*10そして、これに応えて新しく開発された35ミリフィルムを使う小型の距離計連動カメラ、コンタックスとそのシリーズが、ツァイス・イコン社製品群の「ボックスカメラから価値の高い精密カメラまでの完結した道筋」*11の中でも、頂点を占める存在になった。

コンタックスはその時代のカメラの技術革新の結実とも言うべき現代的カメラであって、高品質な写真を得られるカメラの購買層を、限られた職業写真家から広くアマチュア層へ拡大させる役目を担っていたのである。このように現代的カメラは、ドイツのカメラ産業の再編による資本と技術の集中が生み出した「独占資本の産物」という一側面を持つ。

以下では、現代的カメラ成立の具体的プロセスの解明に欠かせない、カール・ツァイスのオットー・エッペンシュタイン博士（図5）らが確立した精密計測技術の高度化と、カメラ市場における競合の展開を、見ていこう。

❹――イエナのショット光学ガラス工場（1934年）。ZEISS NACHRICHTEN, Carl-Zeiss Jena, Janu-1935, S7

❺――カール・ツァイス精密測定部部長、オットー・エッペンシュタイン博士。

# 第2章 精密計測の高度化と、カメラ市場における市場競争の展開

## 2・1 精密計測の高度化の社会的要因

なぜワイマール・ドイツで精密計測の高度化は起こったのか、いかなる社会的要因があるのか？　大戦と大インフレーションにより発生したドイツ経済の危機的状況の中で、多くの企業は損失の計上や破産を余儀なくされた。当時のドイツの精密機械産業における経営危機の解決策は、ツァイスが主導する価格カルテルの結成にはじまり、利益共同体の設立、さらに企業合併へと進展する。その一環として「ワイマール共和国の産業史上、最大の合併劇」の基礎が築かれ、巨大企業ツァイス・イコン社が1926年に誕生したのである。*[12]

とくに合併のさいに、ドイツ銀行や国家政策が果たした役割は無視できない。この時代のドイツは、産業の巨大合併の時代で、あらゆる主要産業で合併が起こっている。否、そうしなければ産業競争力を維持出来ず、共倒れになる……という厳しい時代だったのだ。

さてそんな時代、１９２０年代の中ごろになると、全産業を通じて、社会行動の新しい規範が生まれ、合理化や標準化の波が押し寄せた。

このような合理化の波は、１９２０年代に産業のあらゆる分野に波及した。両大戦間、とりわけワイマール時代には、高度な分業、互換性生産方式や、流れ作業などが成立した。そしてそれに不可欠であったのが、標準化や規格化であった。これは、効率・採算の改善と、資材・資本の節減のためには、産業の全分野での要件であった。その基礎をなしたものこそが、精密計測技術の高度化である。[*13]

精密計測の高度化は、光学と精密機械学の、ハイレベルでの協同によって達成できたのである。精密計測の代表は長さの測定であり、これは言うまでもなく、機器の根幹となる各部品の互換的生産に不可欠であった。[*14]

イエナのカール・ツァイスにおいて１９００年頃から軍用距離計の開発を行なっていたエッペンシュタインは、第一次大戦後の１９１９年より精密計測部長となり、軍用光学距離計の開発で培った技術を、産業用の精密計測機器の開発に応用した。[*15]とくにエッペンシュタインと開発チームは、従来の機械的測定法にくわえ、距離計開発で培った光学技術を応用することで大きな成果を得た。[*16]光学システムを応用したツァイス式の新しいタイプの精密計測機器[*17]を採用した企業は、非常に早く投資に見合う利益を上げ、ツァイスもこの部門で高い収益をあげた。[*18]１９２０年代は世界的な保護貿易政策によって、輸出が困難な状況であったにも拘わらず、世界規模でツァイスの新しいタイプの精密計測機器が普及したことは、特筆に値するだろう。

光学式精密計測機器のシステムユニットの利点としては、第一に測定精度の向上が挙げられる。アッベの原理を基礎に作られたオプティメーターは、世界に先駆けて１００

0分の1ミリ、つまり1ミクロンを読み取ることを可能にした。[19] さらに従来の機械式計測機器に比べて計測スピードが向上したことで、製造コストが劇的に低下した。[20]

ただしツァイスの精密計測部の製造するこのような機器ないし設備は、メガネレンズ、カメラ、双眼鏡のような民生用消費財の生産に際して使用されるのではなく、研究所や工場に納入する精密装置を構成する、標準規格の互換的部品や、複雑なユニットシステムなどの部品などを生産するために使用されるものであった。したがって機関車、自動車、航空機、時計産業などの今で云うところの〝ハイテク産業〟のエンジニアたちが、中心的ユーザーであった。[21]

では、なぜ一般消費財とは縁遠いものであったはずの高度な精密計測の技術とコンセプトが、カメラの構造に根本的変化をもたらすに至ったのか？ それについて、次節ではその社会的要因を、いま一度、ツァイスによるツァイス・イコン社設立の経緯に即して検討しよう。

## 2・2 Leitzとの市場競争と大インフレーション

そもそも、第一次大戦後のツァイスによるドイツの光学機械産業の支配は、価格カルテルの結成にはじまる。1919年9月に成立した「顕微鏡会議」という名の価格カルテルは、議長をツァイスのヘンリッシェ（Heinrichs）がつとめ、顕微鏡のみならず他分野でも市場競争していた光学機械メーカー、一番の老舗であるE・ブッシュ（E. Busch）をはじめ、ライツ（Leitz）、ビィンケル（Winkel）、ザイベルト（Seibert）の各社、そしてお隣オーストリア、ウィーンのライヘルト（Reichert）までが参加した。これは表向き（価格カルテルに表も裏も無いと思うが）、過当競争を抑え、各社の競合に一定の秩序をもたらすのが目的だった。

しかし、実はツァイスがいちばん興味を持っていたのはライツ社の海外市場での動きだったのである。[*22] ツァイスの〝遣り口〟は、まずカルテルとか結んで業界をリードする役割を演じながら、利益共同体の設立、さらに企業合併を通して業界支配を進めるというのが常套手段だ。その過程では、常にドイツ銀行を後ろ盾とした株式取得という手段というのも忘れちゃいけない。つまりは、銀行ともグルなのだ。その背後には、もちろん〝国家〟が噛んでいる。

光学産業界で、あるメーカーが発展して、ツァイスと競合するような実力を持つようになり、会社も大きくなり株式を公開したとしよう。その途端に、ツァイスはありとあらゆる手段で、そのメーカーを締め付けに掛かる。最後は、株式をゴッソリ持って行かれて、結局は食われるのだ。

しかし、ライツは代々の同族経営の有限会社であり、株式取得による介入が不可能であった。かつ、激しい市場競争の中で、ライツだけはツァイスに匹敵する最高品質の製品を出し、競争力を保持していたのだ。[*23] つまり、ツァイスにとって、ライツは規模こそ小さいが、その動向について常に注意を払うべき存在で……と、いうか厄介な競争相手でもあったのだ。

顕微鏡なんかでも、ライツはツァイスと同等の品質を持ち、かつ価格も安かった。例えば、日本ではライツの顕微鏡はとても普及していて町医者から、大学の研究室にまで浸透していた。人工ガンの研究で有名な山極勝三郎のいた東京帝国大学病理学研究室でも、ライツの顕微鏡が使われていた。また、国産初の顕微鏡エム・カテラもライツのコピーだったという具合だ。また、ライツ製の工業用測定器も国際的に高い評価を受けて

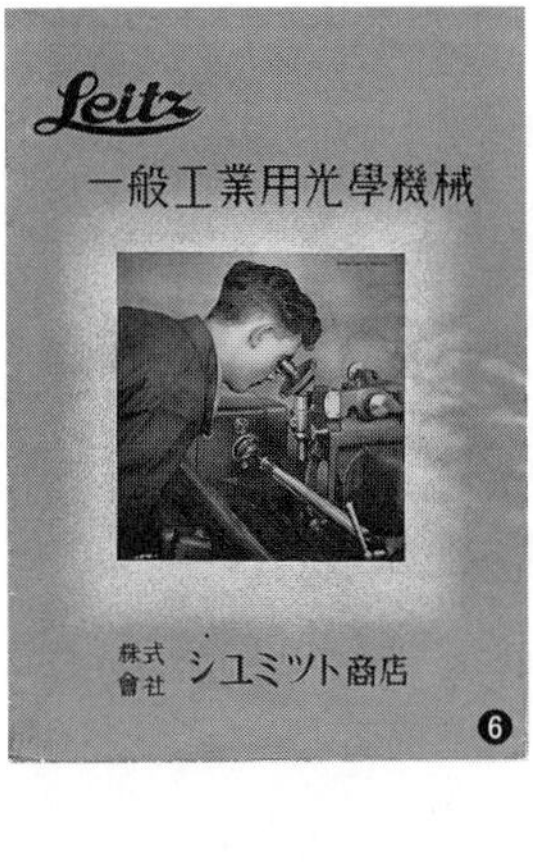


❻——戦前のライツ社の工業用光学機械（測定器など）の日本語版カタログ。裏面に昭和15年6月26日の押印がある。この分野でもライツ社はカールツァイスと競合していた。

いた。（図6）

さて、話を戻そう。歴史的にも有名な1923年の大インフレ時にドイツでは、光学機械産業のみならず全産業が大きな損害を受けた。マルク価値が下落するにつれて、売上代金の実質価値が低下するため、実体的な損害は大きかったのだ。[*24] とくにツァイスと競合する業界2位のゲルツの損害は大きく、1925年10月に累積赤字を穴埋めするために、1億4千万RMの資本金を8億4千万RMに増資し、不採算工場の閉鎖、人員削減を行わねばならなかった。[*25] この機に乗じてツァイスは、ゲルツの株式を額面価値で3億5050万RM分取得し、41・71パーセント以上の株式シェアを保有し、[*26] 最大のライバルであるゲルツを事実上〝乗っ取り〟って、支配体制を盤石なものとしたのだ。

ところで、その頃のライツは、従業員数ではツァイスに次ぐ業界2位の規模となっている。[*27] これは、ライツ社が大きくなったわけでは無くて、それまで光学機械業界上位にあった大手4社が合併に向け、大量の人員削減を行なった結果である。つまり繰り上げ当選みたいなものだと理解していい。

が、もう一つ見逃せない動きがあった。それは、ライツ社社主のエルンスト・ライツ二世が、未だインフレの余波が残る経済的状況下にあった1924年、一人の解雇者も出さずに収入基盤を拡大するという「経営者にとっては最大級の冒険」、つまり新製品の開発と販売を決断したことである。[*28] その新製品が、映画用35ミリフィルムを使う小型精密カメラの先駆の1つとして知られる、あのライカなのだ。（図7）

1925年（実際には1924年のクリスマス）に発売されたライカは着実に販売台数を伸ばし、カメラの製造販売の経験がほとんどなかったライツ社をして、発売3年目の1927年には、カメラ事業部門で黒字を計上する結果となった。[*29] これとほぼ同時期の、

❼

❼——1926年、英国写真年鑑に掲載された最初の「ライカ」の広告。年鑑誌なので、掲載は発売翌年の1926年となっている点に注意。

❽——1926年、ツァイス・イコン社初の総合カタログ。

❾——1926年、4社合併ツァイス・イコン社設立を告知する初めての広告。

❿——1927年、ライカの風刺的広告。大型カメラに固執する同業他社を挑発している。

１９２６年９月のツァイス・イコン最初の総合製品カタログによれば、ツァイス・イコンの製品は基本的に合併４社の古典的とも云える旧製品を引き継いだものであって、当時のカタログを見ると第一次世界大戦前の製品群と、さほど変わりばえしない有様だった。（図８・９）

一方、当時のライツの風刺的広告（図10）を見れば、映画用35ミリフィルムを使用するライカは小型・軽量・取り扱い至便で、スマートで賢明な若い世代の支持するカメラであると強調し、対して、旧態依然の大型乾板を使用するカメラを製造する競合他社（無論、ツァイス・イコンの製品も含まれる）の製品を、〝嵩張る邪魔者〟であると挑発していた。事実、ライカの生産は、１９２８年には1万台、翌29年には2万5千台に達し、カメラ市場に〝Kleinbildkamera〟（小画面カメラ）という新しい製品カテゴリーを着実に築きつつあった。[*30]

対してツァイス・イコンは、これに匹敵できる製品を持たず、また、ライツがそれまでは顕微鏡の製造をメインでやっていて、カメラ業界では新規参入者であるがゆえに、せっかくツァイスが１９１９年に結成した「カメラコンツエルン」という名の価格カルテル[*31]も役に立たない。新参者のライツ社に影響力を行使することは不可能だった。これまで、ありとあらゆる手を使って、ドイツ光学業界を締め上げて、やりたい放題やってきた大ツァイス連合にとって、実に歯痒いコトだったろう。

しかし、それを何時までも座視する大ツァイス連合では無かった。こうなったら、正々堂々、直接対決しか無い！

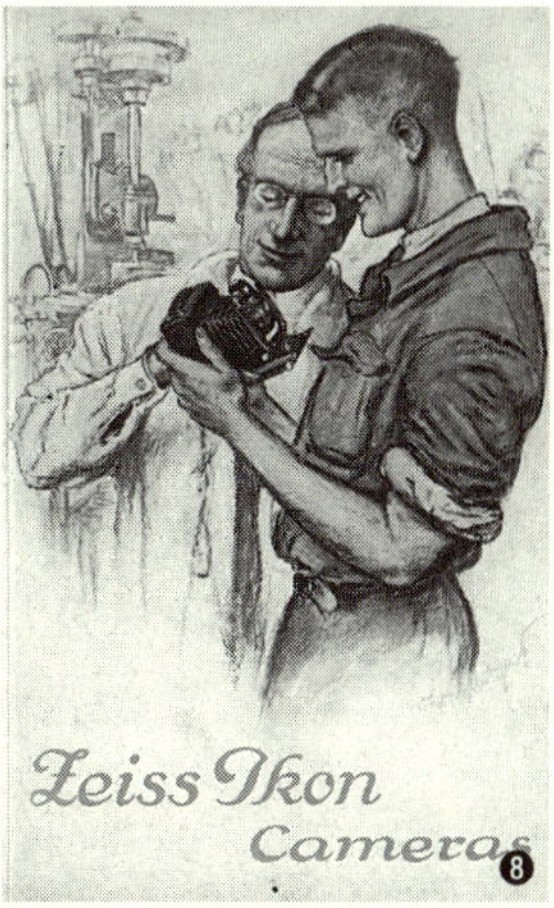

8

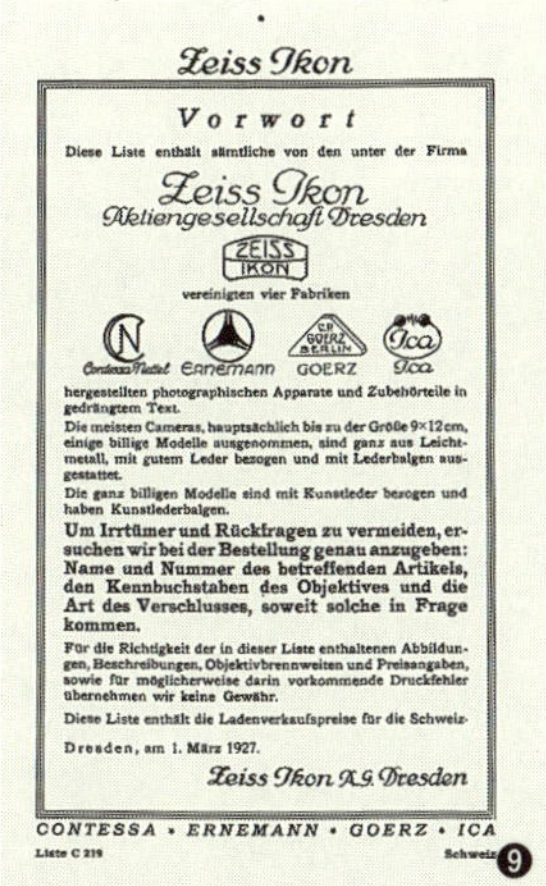
Zeiss Ikon

Vorwort

Diese Liste enthält sämtliche von den unter der Firma

Zeiss Ikon
Aktiengesellschaft Dresden

ZEISS IKON

vereinigten vier Fabriken

Contessa Nettel　Ernemann　GOERZ　Ica

hergestellten photographischen Apparate und Zubehörteile in gedrängtem Text.

Die meisten Cameras, hauptsächlich bis zu der Größe 9×12 cm, einige billige Modelle ausgenommen, sind ganz aus Leichtmetall, mit gutem Leder bezogen und mit Lederbalgen ausgestattet.

Die ganz billigen Modelle sind mit Kunstleder bezogen und haben Kunstlederbalgen.

**Um Irrtümer und Rückfragen zu vermeiden, ersuchen wir bei der Bestellung genau anzugeben: Name und Nummer des betreffenden Artikels, den Kennbuchstaben des Objektives und die Art des Verschlusses, soweit solche in Frage kommen.**

Für die Richtigkeit der in dieser Liste enthaltenen Abbildungen, Beschreibungen, Objektivbrennweiten und Preisangaben, sowie für möglicherweise darin vorkommende Druckfehler übernehmen wir keine Gewähr.

Diese Liste enthält die Ladenverkaufspreise für die Schweiz.

Dresden, am 1. März 1927.

Zeiss Ikon A.G. Dresden

CONTESSA • ERNEMANN • GOERZ • ICA

Liste C 219　Schweiz

9

10

と、云うところまできた。

1929年、イエナのカール・ツァイスからツァイス・イコンに派遣されたハインツ・キュペンベンダー博士（図11）は、総合カタログに所載の600に及ぶ機種を整理する一方で、キュッペンベンダーをしてツァイス・イコンは、ライカと市場で競争できるカメラ、すなわちコンタックスの開発をはじめる。*32

ライカの登場による新たな製品カテゴリーの誕生は、光学機械市場の支配を目指す大ツァイス連合を刺激し、これが新たな市場競争を生む技術革新をもたらすのである。

## 2・3 打倒ライカ！ ツァイス3つの秘策

カールツァイス とツァイス・イコンは、ライツ社のライカと市場で競合できるカメラの開発をはじめるに際して、技術力や市場支配力の上でも、またカメラを構成する3要素すなわちフィルム、レンズ、シャッターの開発・生産能力においても、優位な立場にあった。この3要素の開発・生産能力が、ライカに打ち勝つための——つまり勝算だが——絶対条件とされたのである。ここでは、これらの条件がどのように満たされたについて検討しよう。

さてR・フンメルはコンタックス開発の発端について、次のように述べている。

「ツァイス・イコン株式会社が誕生して以来3年を経過した後でも、供給されるカメラは合併前からのものが大部分を占めていた。（中略）イエナのカール・ツァイスの親会社は、このような状況にこれ以上我慢できず、ドレスデンの子会社の革新的な変革を求めた。最新の技術で新しい製品を作るために、新しい設計アイデアとこれを実践することが求められた。特に今までのカメラ製造における階層構造を、主任設計者一人の責任

⓫——コンタックス開発プロジェクトの責任者であった、ハインツ・キュペンベンダー博士。

に取って変える必要があった。この理由により1929年4月、ツァイス・イコン株式会社の主任設計者にドクター・ハインツ・キュッペンベンダーが任命された。彼のこれまでのカール・ツァイスにおける、科学技術研究フェローとしての活動、およびシュツットガルト工科大学において1929年3月に完成させた学位論文のテーマは、これに際して非常に有効であった。彼は新しい職に就いてから36ヵ月目の1932年3月頃には、伝説的な35ミリ判カメラ「コンタックス（Contax）」を製造できる段階にまで事態を進展させた。[*33]」（図12）

フンメルが「非常に有効であった」と指摘するキュッペンベンダーの博士論文「回転円板シャッターの製作の条件と、その実現について[*34]」は、第一次世界大戦中に軍事技術として誕生した航空写真技術のなかでも、とりわけシャッターについて、実験と数学的解析による科学の方法に基づいた研究成果であると評価できる。キュッペンベンダーは光透過度を重視したシャッター研究を行ない、シャッターの実験と数学的解析手法を確立し、それまで立ち遅れていたシャッターの研究開発を、普遍的なカメラ工学の域にまで高めた。

ライカは基本的に1883年のオットマー・アンシュッツ（Ottomar Anschutz）の発明に起源を持つ布幕フォーカルプレーンシャッターを装備しており、発売当初よりシャッター幕が温度や湿度の変化に弱いという技術的問題[*35]をかかえていた。それに対して、コンタックスはキュッペンベンダーの研究を基礎とし、大ツァイス連合の科学研究員を動員して開発した、[*36]−30〜＋60℃の温度変化に耐える世界最初の金属幕フォーカルプレーンシャッターを装備することで、ライカのシャッターの技術水準を凌駕した。このように、コンタックス

⓬——1932年3月、写真業界誌に掲載された最初の「コンタックス」の広告。試作品らしく、ボディーの上面にアクセサリーシューが無いのに注目。"Die Photographische Industrie" Berlin (1932)

は、工学的研究を基礎として、カメラの3要素の1つであるシャッターを開発することで、技術的な優位性を実現したのである。

またライカと市場競合するにあたりカール・ツァイスと傘下のツァイス・イコンは、レンズやフィルムにおいても優位な立場にあった。光学ガラスの開発と製造では、前にも書いたようにツァイス連合の一翼を担うショット社が独占しており、写真用レンズの開発設計と製造では、カール・ツァイスの技術力が、同業他社を大きく引き離していたからである。

ライツは元来、ゲルツ傘下のゼントリンガー光学ガラス製造所から光学ガラスを購入していた。しかし先に触れたように、ゲルツが1926年にツァイス・イコン結成に参加し、その合併協約により光学ガラス製造を中止したことで、光学ガラスの製造はショット社によって独占されることとなり、ライツもショットから光学ガラスを購入せざるを得なくなった。[*37] これは独占資本の誕生が、合併を免れた独立系メーカーに対しても、何らかの影響を及ぼすことになった一例である。

さらに注目すべきは、フィルムである。そもそも、ライツ社がライカを販売するにあたって、もっとも問題となったのは、映画用35ミリフィルムの使用を設計の基本としたことに起因する。映画用35ミリフィルムは、当時はまだ一般の写真機材市場で流通していなかったため、ライカのユーザーにこのフィルムの入手を強制することが、かなり困難であった。さらに24×36ミリの画面から引き伸ばすためには、普通の映画用フィルムではなく、特別な微粒子フィルムが絶対に必要だったのである。

したがってライカは試作段階の当初から、フィルムの選定に苦慮する。最初は通常の映画用フィルムを使用していたが、粒子が粗いため、航空測地撮影用の特殊な微粒子フイルムに変更して、試験を続けた。[*38] ライツは、ライカ発売後も、自社でフィルムを製造できないため、常にフィルム会社の協力に頼らざるを得ない状況にあったのだ。

一方、ツァイス・イコンは1927年に自社製フィルムを発売するが、これは合併したゲルツの写真化学工場で作られたものである。[*39] これによりコンタックスにとっては、当初から自社生産の専用フィルムを使用することが可能となり、フィルムの供給についても安定した有利な立場に立った。（図13）

光学ガラス製造での独占体制の確立、またフィルム事業への参入、これらが可能になったのは、ゲルツの併合によってであるが、この結果を見れば、ゲルツの併合に際してツァイスが費やした熱意の根源がうかがえるだろう。[*40] このような例からも判るように、ツァイスに次ぐ光学機械メーカーであったC・Pゲルツは徹底的に解体され、その技術や施設は、大ツァイス連合の一部に組み込まれたのだ。（ちなみに、ゲルツのベルリン本社工場は低価格のボックスカメラ製造の専用工場となった）

以上によって、フィルム、レンズ、シャッターという、カメラを構成する3要素の優位性確保が可能となり、それが現代的カメラの開発基盤である技術革新へとつながっていく。またこれと同時に、エッペンシュタインらが確立した精密計測技術を基礎とした標準化・規格化の概念が、新時代のカメラの設計思想の根底を形成してゆく。

## 2・4　超高性能レンズ、ゾナーの開発

前述したように、写真用レンズの開発設計・製造では、カールツァイスは、同

⑬――ベルリンにあったツァイス・イコン社の写真化学工場。薬品やフィルム、印画紙を生産していた。これは、旧C・Pゲルツ社の工場設備だったもの。ツァイス・イコン75年史より。

業他社を大きく引き離し技術的優位を保っていたが、低照度下でも撮影可能なナハトレンズ（NachtObjetive）呼ばれる大口径レンズの開発では、例外的に多少の遅れを取っていた。

この分野でリードしていたのはドレスデンのエルネマンであり、既に1923年には、同社のルートビッヒ・ベルテレ（Ludwig Bertele）がエルノスター（Ernostar）10センチF2と8・5センチF1・8を設計していた。ベルテレはローデンシュトック社（Rodenstock）を経てエルネマン社にレンズ設計の見習い工として入社したが、メキメキと頭角を顕し、弱冠23歳の若さでこのレンズを設計したのだ。（図14）

このレンズは当時、実用的な大口径レンズとしては最大の口径比を誇り、これが専用のカメラボディに装着されたカメラはエルマノックス（Ermanox）と呼称された。このエルマノックスは、夜間の手持ち撮影を可能とした最初のカメラであった。

ドイツの大手新聞社ウルシュタイン（Ullstein）の記者であったエーリヒ・ザローモン博士（Dr. Erich Salomon）（図15）は、このカメラを駆使して"Schnappschüß"、つまりスナップと呼ばれる撮影技法を編み出した。この撮影技法は、あたかも自分の身体及び視神経の延長のようにカメラを使いこなし、人に気がつかれないように撮影を行なったり、低照度下で自然な人間の表情や動きを撮影する技法であるが、つまりは元祖・隠し撮りだ。

このような撮影は、エルマノックスの登場によってはじめて可能になった。ザローモンは、国際会議や裁判所に紛れ込み低照度下で隠し撮りした写真をベルリン絵入り新聞（*Berliner Illustrierte Zeitung*）に掲載し、大きな反響を得た。[*41]（図16）これは、低照度下でも撮影可能な大口径レンズエルノスターによってもたらされた新しい写真術であり、

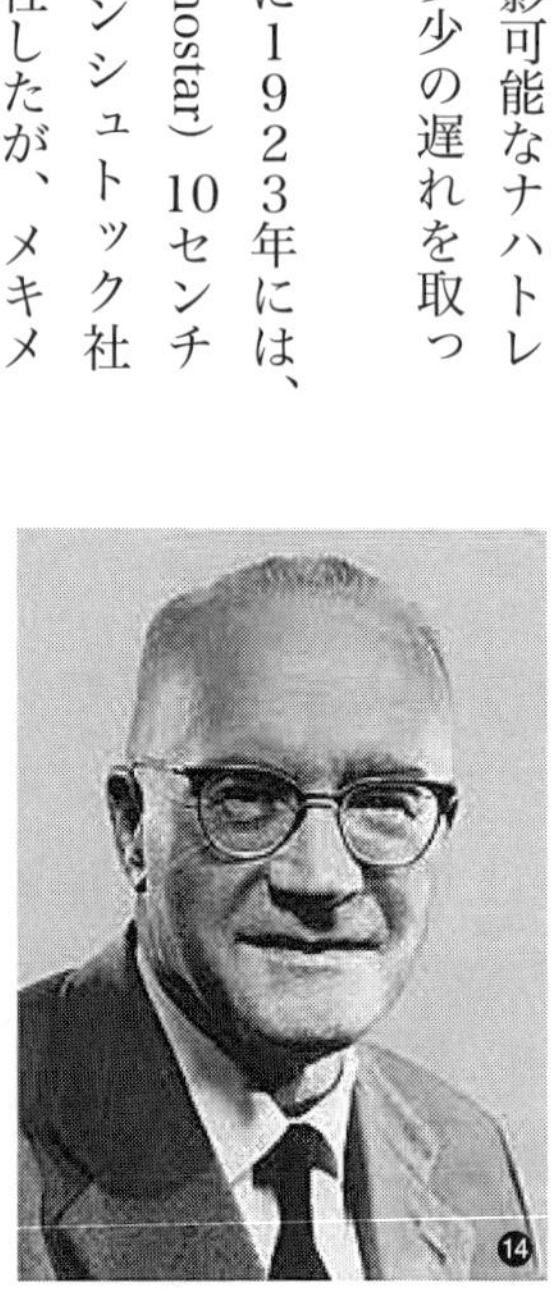

⓮――エルノスター、ゾナーの開発で知られるルートビッヒ・ベルテレ名誉博士。戦後「自分の設計をコピーをした」という理由で、日本人を嫌い、面会を求められても拒絶したといわれている。

その将来に新しい展望を示すものだった。

しかし、エルマノックスには数々の欠点があった。レンズ交換が不可能なことに加え、ガラス乾板を使用することに起因する取り扱いの不便さ、そして最大の問題は、距離合わせの機構を持たず、焦点合わせがきわめて困難であった点である。大口径であればあるほど、写真用レンズの被写界深度は浅くなる。エルノスターにいたっては、レンズの焦点目盛は5センチ刻みであり、目測と勘で正確な焦点合わせを行えるのは、ザローモンのような職業写真家に限られていた。ゆえに彼が編み出したスナップ撮影は、アマチュア向きのものではなかった。そしてエルマノックスもナハトカメラと呼ばれ、特殊なカメラと見なされていた。

１９２６年、エルネマンはツァイス・イコンに統合され、ツァイスの傘下に入った。そしてエルノスターの設計者であるベルテレは、ツァイスのレンズ設計者として活動することになる。１９２９年にイエナのツァイス本社から派遣されたキュッペンベンダーはツァイス・イコンで、エマヌエル・ゴルトベルク教授の指揮のもと、ライカと市場で競合するカメラ、すなわちコンタックスの開発を開始する。その要となるのが、ライカを圧倒する超高性能レンズの開発であった。[*42] それはアマチュアでも低照度下でのスナップ写真が可能な、いわば〝万能カメラ〟の開発プロジェクトの一環である。

ツァイス・イコンの開発する新しいカ

⓯——スナップ写真術の生みの親であるエーリヒ・ザローモン博士。エルマノックスを構えている。

⓰——ザローモンがエルマノックスで撮影したスナップ写真の1枚。1人が、ザロモンの存在に気が付き振り向いている。

メラには、エルノスターを超える性能を持つ、各種の焦点距離を持つレンズが必要とされた。それに対してベルテレはゾナー（Sonnar）という名称のレンズ・シリーズを開発する。それはエルマノックスより小さな35ミリフィルム（24×36ミリ）の画角に適応し、高倍率の引伸ばしに耐える高い解像力を持つものである。かつレンズの構成枚数を減らすことなしに、レンズと空気の境界面を8面から6面に減少させることで、コントラストの向上に成功したものである。

これは当時、レンズ表面に施す反射防止膜（コーティング）の技術が無かったからで、レンズと空気の境界面をなるべく減らして、レンズを通過する光の光量の低下を減らす工夫が必要とされたためだ。だから、ゾナーは空気間隔をガラスで埋めた。貼り合せを多用したのだ。だから、ゾナーはコンパクトなわりに重いのは、そのためだ。

ゾナーには標準画角の5センチF2、5センチF1・5、中望遠・望遠画角の8・5センチF2と13・5センチF4、更には〝光の巨人〟と呼ばれた18センチF2・8が用意され、これらのレンズは1930年代から60年代初頭までの長きにわたって、世界最高の性能を誇り、[*43] 21世紀となった現在でも未だその精彩を失うことは無い。（図17）

とにかくスゴイのだ。僕は十数本集めた戦前・戦後の各焦点距離のゾナーをライカM−240で使用しているが、その描写性能にカタルシスさえ覚えるのを禁じ得ない。

これは、ツァイスがエルネマンを傘下に収めることで生じた、非常に大きな技術的収穫であり、ライカとの競合を極めて有利にした。少なくとも戦前期においてライカのレンズはツァイスのレンズに歯牙さえ立てられなかったというのが実際だ。

しかし、その立役者であった天才光学設計者ベルテレへの待遇は、決して良かったと

⑰——ライカを圧倒したコンタックス用交換レンズ群。現在でも、その高性能ぶりは健在である。1936年、ツァイス・イコン社カタログより。

はいいがたい。ツァイス本社は超学歴社会だ。才能はあっても見習い工あがりで、学歴の無かったベルテレはツァイス・イエナに招き入れられることは無かった。ベルテレはツァイス・イコン所属で、彼の才能の昇華とも云うべきゾナーシリーズは、ツァイス・イコンが本社であるツァイス・イエナに製造を委託するという変則的な形で製造されたのだ。

コレには訳があり、ツァイス・イコンはファインダー一つと云えども、光学系に関する製品は作ってはならないという合併時の協約もあったのだ。

だったら、そんな面倒くさいコト抜きにして、さっさとベルテレをツァイス本社に……と、思うのだがそうはいかなかった。これも学歴社会の弊害と云うヤツだろう。ベルテレは、大戦中にシュタインハイル社（Steinheil）に移り、その後、スイスの計測機器メーカー大手のウイルド社（Wild）に腰を落ち着けた。そこで、これまた超絶的な性能の航空レンズ、アビオゴン（Aviogon）を設計する。結局、ベルテレはスイスのチューリッヒ工科大学から名誉博士号を授与された。ツァイス、何を思うべし。

話はそれたが、ベルテレの設計したレンズはとにかく凄かった。当時のライカ使用者はみんな口には出さないが羨ましがった。ゾナーを改造してライカに使う人もいたくらいだ。

とにかく、当時としては破格の高性能で明るかった。当然、明るいレンズなのだから被写界深度が浅くなる。ゾナーを用いるコンタックスには、当然ながら高精度の連動距離計の搭載が必要となるので、コンタックスはその前提のもとに設計されたという意味で、世界最初のカメラとなったのである。

以下では、カールツァイスにおいて20世紀初頭から行われていた軍用距離計開発、および第一次大戦後の精 密計測機器開発で蓄積された技術が、コンタックスのようなスチルカメラでの距離測定技術の確立に、どのように影響したのかを検討してみよう。

# 第3章 スチルカメラにおける距離測定技術の確立過程

## 3・1 距離計とレンズの連動

先にも述べたように現代的カメラが成立する以前、アマチュアが写真を撮るうえで隘路になったのは（とくに大口径レンズを使用する時）正確な距離測定である。それを解消するメカニズムが、レンズと連動する距離計であり、光梃子[*44]を利用したものを含む一種のシステムユニットである。

カール・ツァイス 精密計測部のエッペンシュタインらが確立した精密計測技術と、標準化・規格化の概念を導入することで、連動距離計の設計が可能となり、現代的カメラ成立の必要条件の1つが満たされたと言えるだろう。

1932年3月、ツァイス・イコンはコンタックスを、一方ライツは新型のライカDII（図18）を発売して、[*45]市場競争をはじめるが、この2つのカメラは、ともに連動距離計を装備していた。

⑱ ——ライカDII発売当時の広告。Ernst-Leitz (London) 1932

連動距離計は、初期的には光梃子を利用して撮影者と被写体の間の〝距離〟を三角測量の原理で測定していた。[46] レンズの長さ方向の動きは、後端に装備されたカムとレバーの組み合わせ、あるいは歯車を用いて、可動ミラー、あるいはプリズムに伝達され、二重像という光学的情報として可視化される。この二重像を合致させることで、フイルム上に焦点が結ばれる。このシステムでは異なる焦点距離のレンズと交換することが可能である。

このような連動距離計は、基線距離計（Basisentfernungsmeßer）または、自動焦点（Auto-Fokus）装置と呼ばれた。当然ながらこの連動距離計には、明るいレンズの、ごく浅い被写界深度でも、正確な合焦が可能な高い精度と、十分な堅牢性が求められた。次に、連動距離計の進歩のプロセスを見ておこう。

## 3・2 連動距離計の進歩

1932年発売のコンタックスとライカDⅡは、いずれも光梃子原理に基づくミラー式距離計を採用していた。[47] このミラー式連動距離計においては、可動ミラーによって測定光線の方向を変換させ測距する。（図19）に示すように、可動ミラー（図19中の3）のアーム（図19中の5）の先端にあるカム追従子が、レンズ後端に装備されたカム（図19の32）の上を滑動する。カムによってミラーが回転する角度は数度程度で、このわずかなミラーの角度変化で、無限遠から1メートル程度まで測距する。したがって、連動のメカニズムには非常に高い工作精度が求められ、わずかに狂っていても焦点に及ぼす影響は非常に大きくなる。しかし、原理が単純であるため〝ライカタイプ〟と呼ばれた。[48] この種の光梃子距離計はライカによって永年使用され続けたためだ。

それに対しコンタックスは1934年に、光梃子によらない、全く新しい連動距離計

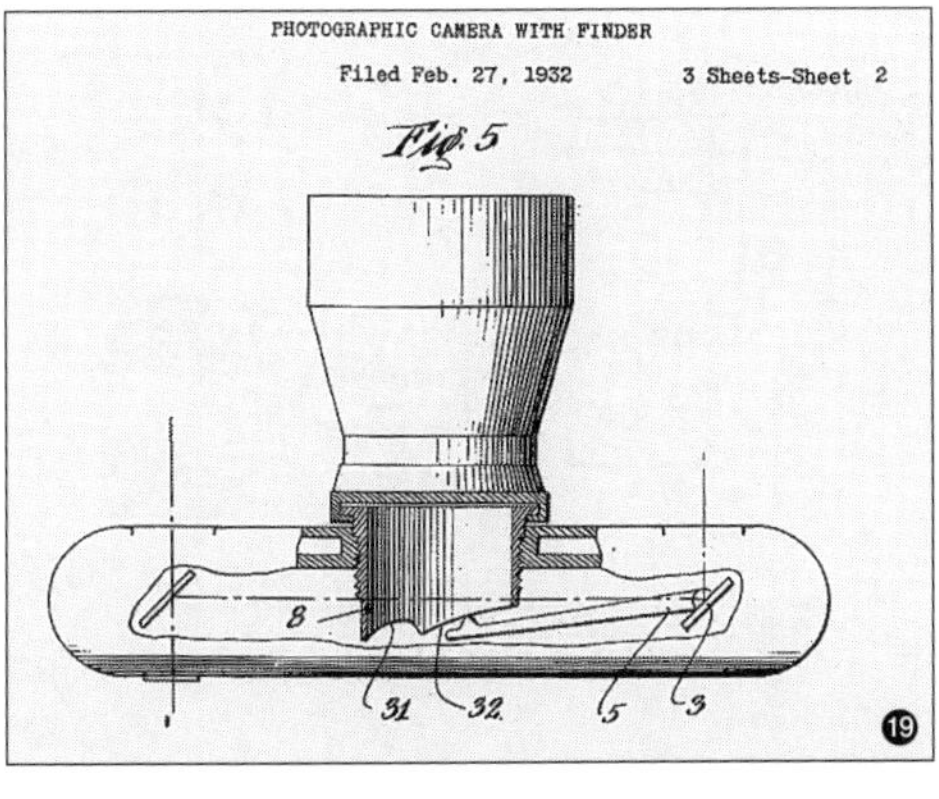


⑲——ミラー式距離計。U.S.PAT1.973.213 出願1932年2月27日、公告1934年9月11日。

を導入する。それが、（図20）（図21）に示す楔プリズム距離計である。[49] これは〝フォン・ボスコビッチ（von Boscovich）のドレーカイル対〟と呼ばれ、比較測長器（コンパレータ）等にも使用されていたものである。これは（図20）に示すように、固定プリズムブロックの前方に、円形の楔プリズムが2枚置かれ、これが互いに逆方向に回転することで、光の屈角を変化させ測距する。特徴としては（図21）のように、合焦のためのきわめて小さいレンズの前後動が、歯車を介して、大きく楔プリズムの角度を回転させるため、機械的連動部分で発生する連動誤差の影響を受けにくく、高い測距精度を得ることができる。[50] また、光学系がプリズムブロックで構成されているため、外部からの振動に対し、狂いが生じにくい。[51] 主任設計者であるキュッペンベンダーは、それまで測長器などに使われていた、この一種の光学マイクロメーターを、カメラへ導入する新しい着想で成功を収めた。[52] これにより、コンタックスはライカよりも高い測距精度と堅牢度を保持し、技術的な優位に立った。

ところでコンタックスが発売後わずかの期間に、光梃子式ミラー式連動距離計の性能を凌駕するプリズム式距離計を搭載するに至った技術的背景には、エッペンシュタインのライフワークともいうべき距離計の技術蓄積があった。

前述したようにエッペンシュタインは、1919年に精密計測部長に配属される以前、1900年代から主として軍事用距離計の改良に取り組み、取得した特許は78件、実用新案も5件にのぼる。[53] その過程で培われた技術が、様々な精密計測機器を生みだす土壌

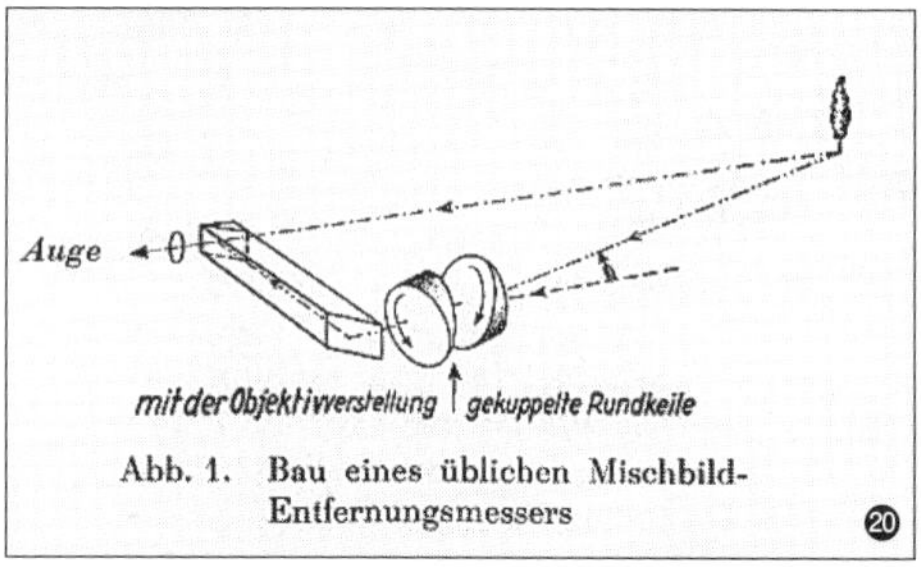

⓴

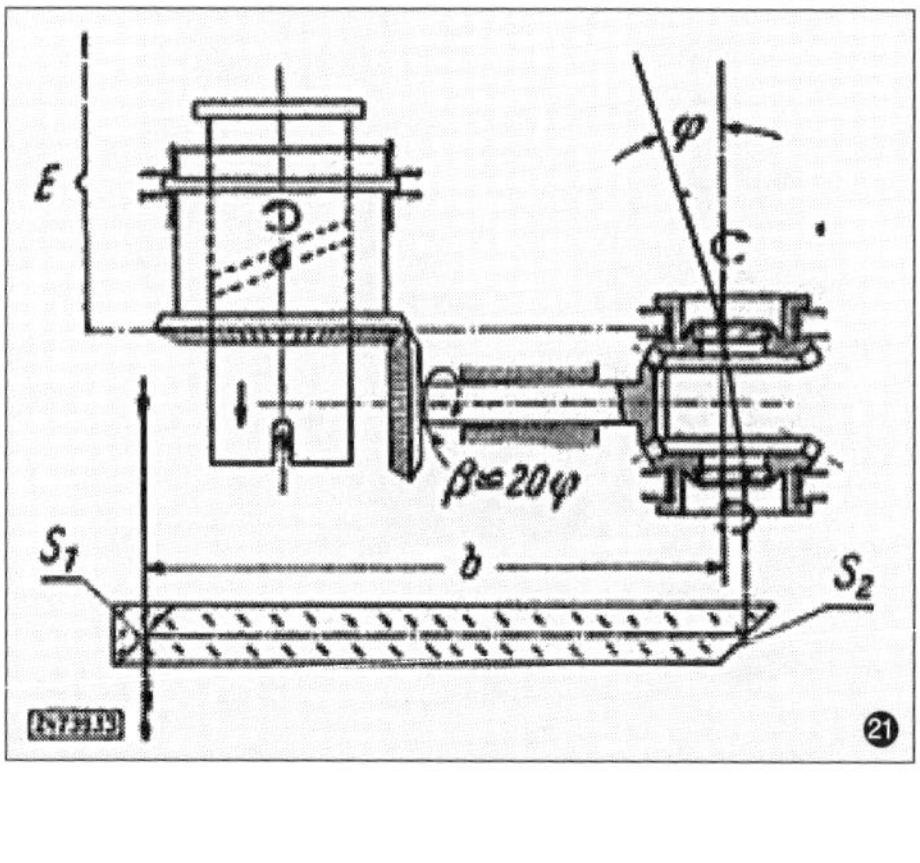

㉑

⓴——楔プリズム距離計の概念図。ZEISS NACHRICHTEN, Carl-Zeiss Jena, 1935, S27

㉑——楔プリズム距離計の複数の歯車を介したレンズとの連動部分。H. Küppenbender, Fortschritte im Bau photographischer Kameras, Zeitschrift Des VDI, Bd82, Nr11, 1938, 12-März, S.305

㉒——エッペンシュタインの楔プリズム距離計付き砲隊鏡（1917年）。U.S.PAT1, 477,112　出願1921年8月13日、公告1923年5月11日。

※ドイツでは、第一次大戦中の1917年3月8日に特許が申請され、D.R.P302.436が成立している。

にもなっていた。

エッペンシュタインが第一次大戦中の1917年に開発した距離計付き砲隊鏡は、[*54]（図22）で示すように、2枚の楔プリズム（図22中の$b^1$、$b^2$）で光を偏角するもので、フォン・ボスコビッチのドレーカイル対を用い、光学系はプリズムブロックで構成されていた。その原理はコンタックスの楔プリズム距離計（図20、21参照）と同じであり、さらに1918年には（図23）で示すように、フォン・ボスコビッチのドレーカイル対をブロック構造化した（図23中の$m^1$、$m^2$）まさに、コンタックスの楔プリズム距離計の構造そのものともいえる、距離計付き砲隊鏡を開発している。[*55] エッペンシュタインがライフワークとした距離計の改良とその技術蓄積が、1920年代における精密計測技術の高度化の基礎となり、また1930年代のカメラにおける距離測定技術を確立したのである。[*56]

一方、ライカは、距離計を収納するカメラボディ内部の空間的制約があったため、測距精度や連動精度や堅牢度において劣るミラー式距離計を使用し続けざるを得なかった。[*57] ライカを製造する独立系メーカーライツ社と、コンタックスを製造するカメラ独占資本ツァイス・イコン社の、というより大ツァイスグループの間には、単に資本力のみならず、技術の蓄積と開発能力の点でも格差があったのは否めない事実なのだ。

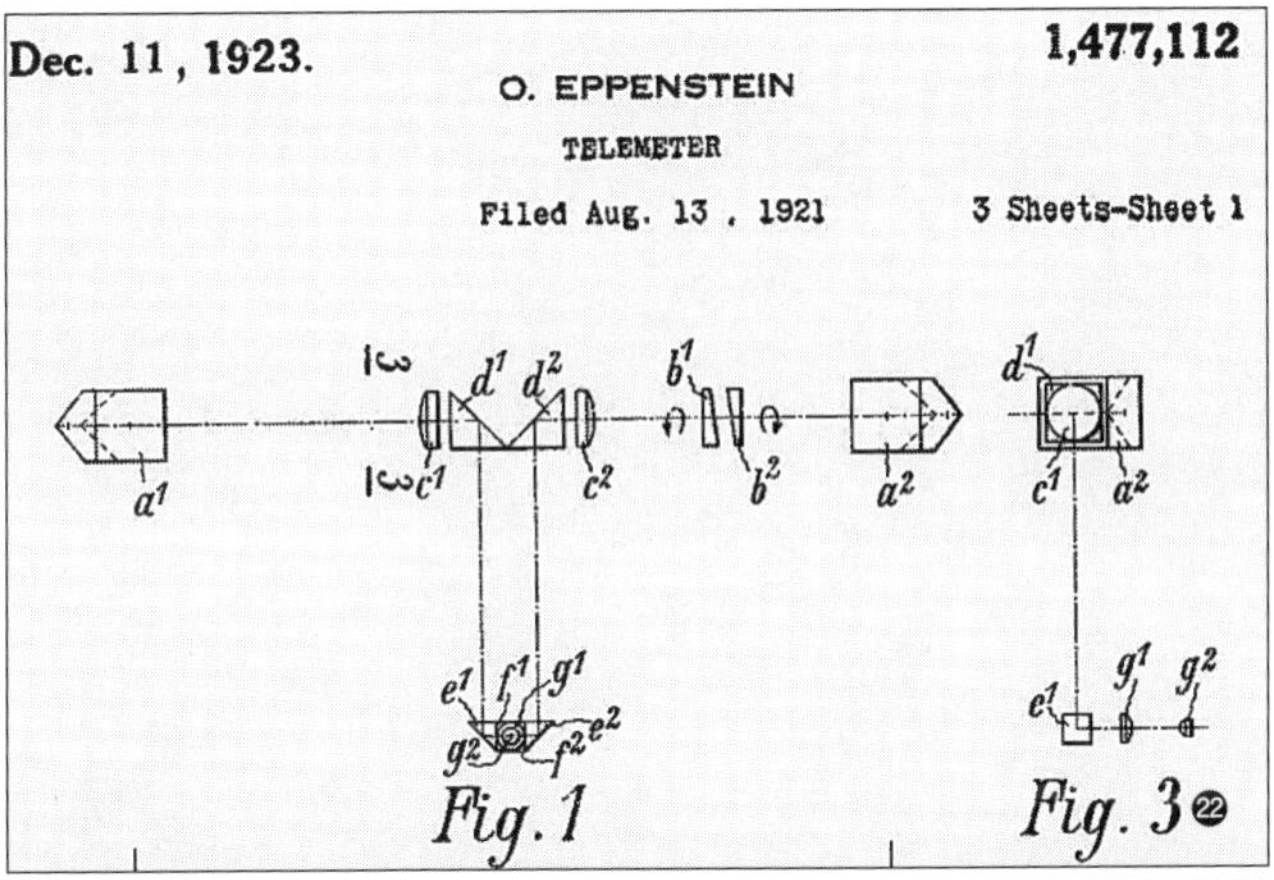

㉒

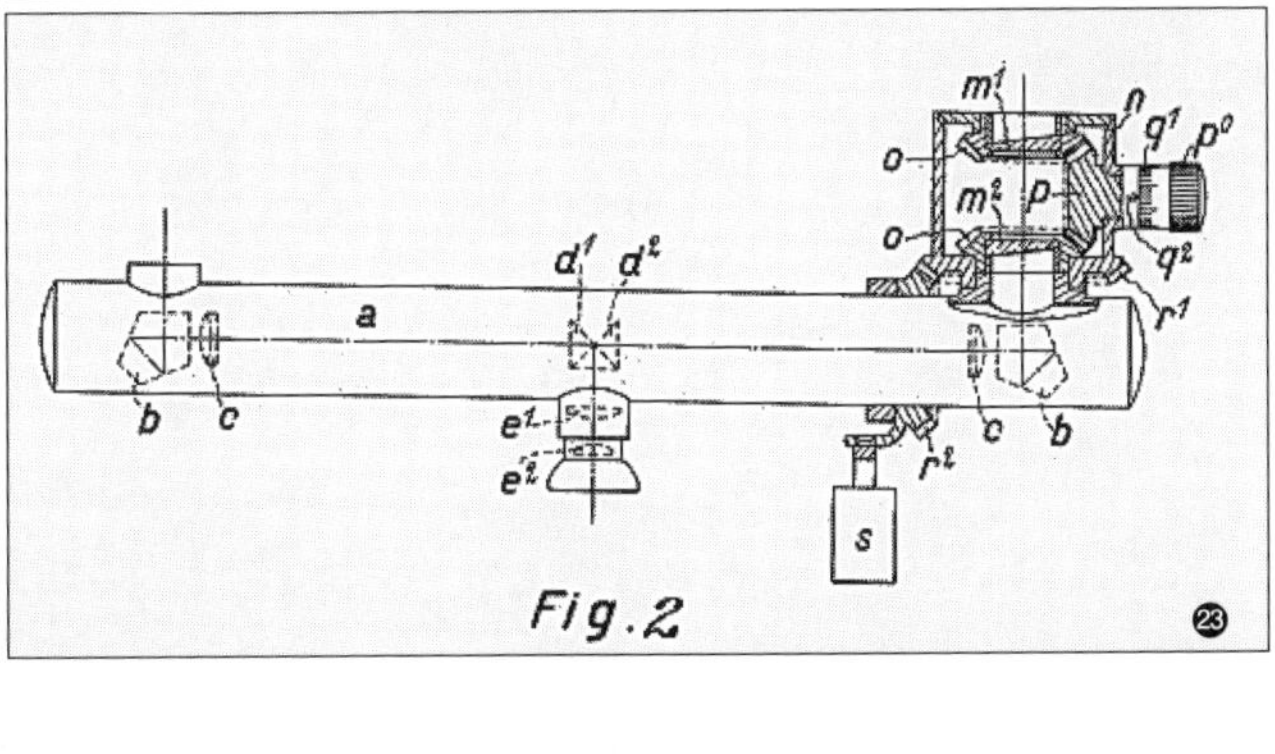

㉓

㉓――エッペンシュタインの楔プリズム距離計付き砲隊鏡（1918年）。U. S. PAT. 1,546,723, 出願1921年8月13日、公告1925年7月21日。図20、21と比較すれば、コンタックスの楔プリズム距離計と同一構造であることが判る。
※ドイツでは、第一次大戦中の1918年3月8日に特許が申請されたもの。

## おわりに——市場競争と技術革新

コンタックスの高い技術水準は一定の支持を得ることに成功した。[*58] しかし、必ずしも市場において成功したとは言い難い。1932～45年の製造台数を比較すれば、コンタックスは30・6パーセント、その他のツァイス・イコン製35ミリカメラが5パーセント、そして市場競争するライカは実に64・4パーセントを占めたのである。[*59]

コンタックスの販売価格は、いちばん安価な標準レンズ（テッサー5センチF3・5）付きの場合は、エルマー5センチF3・5付のライカとほぼ変わらず、[*60] しかもコンタックスの技術水準は確実にライカを凌駕していた。しかし、コンタックスに真の性能を発揮せしめる大口径レンズであるゾナーはたいへん高価で、とくに5センチF1・5、8・5センチF2のレンズ単体価格は標準テッサー付のカメラをよりも高価で、それらを装着したコンタックスは、標準レンズ付きライカの2倍以上の価格になった。

その対価を支払い、得られるものを理解する者は少数派だった。"Wo Kenner-da Contax"（〝通〟のいるところにコンタックスあり）というコンタックスのキャッチコピー（図24）から、まさにツァイス・イコンの苦しい胸中が窺える。

くわえてコンタックスI型は、1932年の製造開始から、36年の製造終了までの間に、極めて頻繁に仕様が変更された。それは、新しい技術導入のために必要な変更であったのだが、ユーザーや販売店からは不評で、多くの苦情が寄せられた。[*61] ライツ社の

「（コンタックスの）実験にはかかわり合わないようにしましょう！」という辛辣な宣伝も、ユーザーや販売店からすれば、充分説得力のあるものだったのである。[*62]つまり技術的優位性だけでは、コンタックスは必ずしも市場の覇者たり得なかったのである。

それ以降、コンタックスI型の後継機のII型、III型などでは、頻繁な仕様の変更は行なわれなくなる。

1981年、キュッペンベンダー博士は80歳の誕生日に行なわれたインタビューで「ツァイス・イコン社は当初、コンタックスによってではなく（中略）様々なモデルで利益をあげた」と、証言した。[*63]この証言からもコンタックスの開発は、利益を度外視した、次世代のカメラ開発に向けた技術革新のための、まさに〝実験〟だったとも云える。[*64]

実際、コンタックスで試みられた新技術（軽合金ダイカストの採用、部品の互換性、標準化、そしてプリズム連動距離計）は、他の大衆向けのツァイス・イコン製カメラの多数に採用されて大きな利潤をあげ、巨大企業ツァイス・イコン社を支えていた。キュッペンベンダーの云う〝利益をあげた様々なモデル〟とは、まさにこれらのカメラなのである。

そして、ライカも〝コンタックスの脅威〟の前に、ただ立ちつくすだけではなかった。

バルナック型ライカに可能な限りの改良を加え、かつその長所を際立てさせた。

まず、1932年のライカDIIにスローシャッターの追加と、連動距離計に改良を加え、距離計基線長を38ミリから1・5倍のマグにファイヤーを装

㉔——"Wo Kenner-da Contax"〝通〟のいるところにコンタックスあり（1934年）。本当の「写真通」は、コンタックスを選ぶという内容の広告。

備、基線長を57ミリとすることで距離計の精度向上を図り、視度調整装置を装備し、1933年にはライカDⅢになった。（図25）

その頃に、それまでの黒塗装からクロームメッキにしたモデルを追加した。それは、新しい時代を予感させるような、まばゆい外装をまとうことで、ユーザーにアピールしたのだ。それは、既存の黒ずくめのカメラに対して、異彩を放つばかりでなく新しい美意識の基準を作り出したのだ。これはスゴイことで、コンタックスでさえ改良型のⅡ型、Ⅲ型をはじめツァイス・イコン製カメラもこれを真似た。それだけではない、オモチャのような簡易カメラでさえクロームをまとうようになるほどの影響を与えたのだ。

そして、1935年のライカⅢaではシャッター速度に1／1000秒が加えられた。ライカⅢaは、外見的にはそれほど改良の形跡は認められないが、シャッター速度1／1000秒を実現するため、シャッタードラムが真鍮からアルミとするなど目に見えない改良が進められた。また、板金製ではあるものの剛性強化の為にボディシエルは肉厚になっている。（図26）

一応、ライカⅢaは板金ボディ時代、〝古き良き時代のライカ〟の決定版になった。その後、部分的にダイカストを導入したライカⅢb（1938）や、全面的にダイカストを導入して剛性と精度を向上させたライカⅢc（1940）、軍用モデルには耐寒仕様のベアリング組み込んだシャッターを装備したライカⅢc－K（図27）なども存在している。軍用ライカの活躍——PK部隊によって第二次大戦を記録することになる——は、よく知られたものであり、読者諸兄の中にはこれら貴重な軍用ライカを、お持ちの方もおられるだろう。

㉕

㉕——ライカDⅢ。昭和9年（1934）、シュミット商会「ライツ・ライカカメラ使用法」より。

ライカの発達史に関しては数多くの優れた書籍があり、これ以上紙幅を割くのは本意ではない。だがしかし、ここで答えておかなければならないことがある。

それは、なぜ、技術的スペックでは確実にコンタックスが勝っていたのに、実際にはライカの方が市場競争で打ち勝つことができたのか？　という問いである。

それは、ひとことでいえば使い勝手によるものだ。35ミリ精密カメラに求められたもの、それは速写性、そして使い勝手の〝軽さ〟である。大ツァイス連合は、コンタックス開発に際してそのことを完全に見誤った。勿論、コンタックスは先行するライカを徹底的に研究し尽くされて開発されたが、その中で見失ったモノがあったのだ。

技術的なスペックでライカを圧倒したコンタックスであったが、ライカにあってコンタックスに無かったのは、速写性追求への姿勢なのだ。ライカは1933〜34年頃には迅速撮影装置、つまりライカ・ピストル（図28）を発売し、1938年にはライカ・モーター（図26参照）を発売した。

これは、コンタックスには無かったものである。

また、カタログスペックには表われにくい点だが、操作系の軽さも挙げられるだろう。コンタックスの中

㉖

㉗

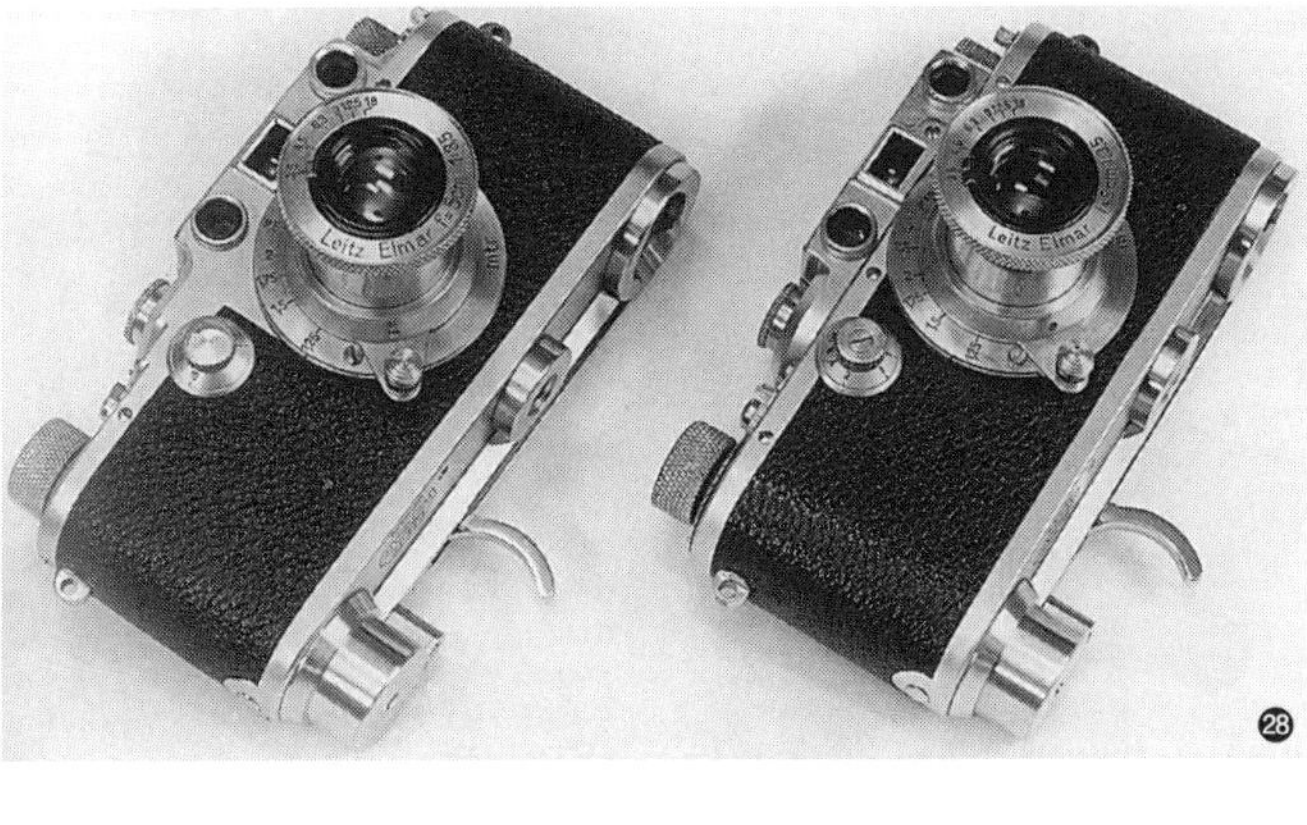

㉘

㉖——ライカⅢa＋ライカモーター・ズマール5センチF2。©WestLicht-Auction

㉗——ライカⅢC-Kズミタール5センチF2付。©WestLicht-Auction

㉘——右からライカⅢa用、Ⅲc用のライカピストル2種。Ⅲc用のライカピストルは珍しい。中川一夫『ライカ物語』（朝日ソノラマ、1997年）47頁

身は一言で云えば、歯車だらけ。歯車もスウェーデン鋼を焼入れしたもので、操作する際も独特の重みがある（図29）。作動確実なのは判るが、ユーザーは軽い操作フィーリングのライカを好んだのも納得できる話だ。とにかくライカは、操作感も軽ければ、軽く作動するように作られている。このポリシーはオスカー・バルナックのポリシーだったと確信する。

　これに賛同したのは、一般ユーザーだけではない。スナップ撮影の生みの親であるザローモン博士も1932年からライカを使いだした。[*65]

　とにかく、小型、軽量、軽い使い勝手こそが新しい時代のカメラに求められていると、バルナックは直観したのだろう。それは、四角四面、理詰めでつくられたコンタックスには無いものだ。大ツァイス連合の数多のエンジニアを結集して開発されたコンタックスをしても、勝てなかった理由に違いない。つまり、学歴こそ無いが、一人の天才的な機械工の直観と才能には、博士、教授など高学歴の秀才たちを総動員して開発したものに打ち勝ったのだ。これがライカの成功であり、勝利なのだ。秀才は高等教育機関で養成出来ても、天才は天衣無縫、つまり養成出来ないのだ。

　よくライカ（とくにバルナックライカ）は、長所も多いが欠点も多いと云われる。まず、板金ボディは剛性や精度に劣るし、底蓋を外してフィルムを挿入しなければならないのは、どう考えても不便だ。また、ライカの責任では無いが、ライツ社は写真用レンズ開発能力が、同業他社（とくにカール・ツァイス）に比べて劣り、ズマール5センチF2や、ライツ・クセノン5センチF1・5は、ツァイス・ゾナーに比べてお世辞にも優れたものとは云えない。否、二流品と断言しても差し障りは無いだろう。

　それでも、なおユーザーがライカを選んだ理由、それは先に述べたバルナックの基本

㉙——歯車だらけのコンタックスのシャッター内部構造。シンプルなライカと較べ、対照的。（撮影・内田安孝）

コンセプトによるものなのだ。

そのことを、しっかりと心に刻んでバルナック型ライカを手にすれば、現在のデジタルライカにも通じる一本の道筋が見えることとだろう。そして、現在でもバルナック型ライカを操り、素晴らしい写真を手にすることは可能である。

さて、ライツ社はバルナック型ライカの機能拡張が限界とみると、ライカⅣ型、後のM型ライカの開発を行なった。それはライカの次世代カメラに受け継がれ、この21世紀にはライカM型デジタルにまで進化したのだ。（図30）

1954年、ライカM3が登場したとき「もはやライカじゃない」「ライカの自殺」とさえいわれた。しかし、それを手に取った人々は「やっぱりライカだ！」と深い感銘を受けた。1971年、TTL露光計内蔵のライカM5が登場した時も同じだ。そして現在、最新のライカM－240を手にした人々も深い感銘を受けているに違いない。それは、その時代の新技術に加え、バルナック以来の基本コンセプトが忠実に生かされているからだと断言する。小型カメラのイデオロギーは、1930年代も、80年以上が経過した今でも不変なのだ。

その原動力となったのが市場競争と技術革新である。ライカは超ハイスペックで挑んできたコンタックスに対して、不断の技術進歩で挑みながらも、バルナック亡き後も〝軽い操作感、軽い作動〟という基本コンセプトを忘れなかった。

大ツァイス連合をして利益さえも度外視した、次世代のカメラ開発に向けた技術革新、カメラ市場を舞台にした実験は、カール・ツァイス精密計測部のオットー・エッペンシュタインらが確立した、精密計測技術をカメラに導入し、新しい基準による開発と、製造技術は、カメラをそれまでの単なる「暗箱」から、「現代的カメラ」へと決定的に変

㉚

㉚——僕のライカM－240。2代目（角付き）ズミクロン6枚玉35ミリF2を装着。この状態で、ほぼ毎日常用している。別売りのハンドグリップMを装着すると格段にバランスが良くなり、スローシャッターを使用しても、ブレは少ない。

化させた。これは、カメラ技術史において特筆されるべき大変革であり、コンタックス、ひいては大ツァイス連合の功績だろう。

そして、この競争を通じてライカはコンタックスと互角に渡り合い、かつ進化したのだ。競合無きところに進歩は無いのである。ライカは大ツァイス連合との熾烈な開発競争のなかで技術的に洗練され、絶対的なブランド力さえ手に入れることが出来た。それは、この競合を勝ち抜いてのことなのだ。

神聖ライカ帝国VS大ツァイス連合の激闘は、ワイマールからナチス時代にかけてドイツで起こった、過去の一情景ではない。それが、日本のカメラ産業を刺激し、第二次大戦後に日本製カメラはドイツ製カメラと世界市場で激しい戦いを演ずる序曲であった。目標は、技術、形状的な洗練の極みにあったライカに追い付き、追い越すこと。

いまライカは銀塩フィルムからデジタル時代に移行しても、孤高のブランド力と期待を裏切らない実力で、人々を惹きつけてやまない魅力を保持し続けるのだ。

※本稿は日本産業技術史学会編『技術と文明』32、17巻1号（思文閣2012年5月）所収、森亮資「ワイマール・ドイツにおける『現代的カメラ』の開発」をもとに、大幅に加筆と修正を加えたものである。

# 第Ⅲ部　註

1　ハンス・ユルゲン・クッツ、浦郷喜久男訳『コンタックスのすべて』(朝日ソノラマ、1993年)
2　エミールG・ケラー、竹田正一郎訳『ライカ物語』(光人社、2008年)
3　Rolf Walter, *Zeiss1905-1945*, Böhlau, 2001.
4　リヒャルト　フンメル、リチャード・クー、村山昇作訳『東ドイツカメラの全貌　一眼レフカメラの源流を訪ねて』(朝日ソノラマ、1998年)
5　「主としてカールツァイスの取締役会が、新しいカメラコンツエルンの設立を推進した。この取締役会は何十年も前から、ドイツの精密機械、光学産業、とくにレンズ製造における独占的地位を築くことを目標としていた(中略)いまや最終的局面を迎えたのである。」R・フンメル、クー、村山訳、同51頁。
6　R. Walter, ibid.,S140.
7　*Zeiss-Ikon.AG,75Jhare Photo und Kino Technik*,1937,Vorwort
8　Rolf Walter,iIbid.,S140.
9　BACZ (Betriebsarchiv des VEB Carl Zeiss Jena) Nr31625, *Die Photographische Industrie und iher Arbeiter ,1927* S52.
10　R. Walter,ibid.,S144～45.
11　Zeiss-Ikon.AG, ibid.,S45.
12　R. Walter,ibid.,S136.
13　量産部品の計測に直接用いられるのは「限界ゲージ」(limitedgauge)で、その較正(calibration)のために用いられるのが、工場や現場で「原器」(The standard)と呼ばれる精密計測器である。原器は、その精度の高さゆえに、温度変化や湿度変化による「狂い」(accurate)を防ぐために恒温恒湿室に設置され、限界ゲージ等の製造や検査のために用いられる。限界ゲージ等の寸法検査には絶対測定法と比較測定法があり、絶対測定法は、光波干渉計を用い、とくに高精度な限界ゲージ等を測定する。対して、比較測定法はオプティメーターなどの高精度な比較測長器を用い、絶対測定された限界ゲージ等を基準としてこれと比較し、その寸法差を求める。そのため、これらの機器は「計測器の中の計測器」とも呼ばれる。ゆえに、限界ゲージ等の高精度化、ひいては量産部品の標準化・規格互換性の精度向上には欠かせない計測機器であり、とくに本稿で取り上げる「現代的カメラ」の開発、製造に不可欠な要素技術であったと考える。光波干渉計、及び比較測長器については註釈（21）を参照。森 - 兵庫県立大学工学部材料工学科、元教授T・M博士、私信、２０１１年９月26日。

14 R. Walter,ibid.,S115~17.

15 第一次大戦後、Carl-Zeissでは一般用の光学計測機器の製造販売も始めるようになった。これは従業員に労働の場を確保するためである。
Dr. phil. Otto Eppenstein, Carl-Zeiss AG, 参照HP
http://www.zeiss.de/__c12567a10053133c.nsf/Contents-Frame/fa89d25d2c50b3cac12569b50050ac0e?OpenDocument&Click= （最終アクセス２０１５年９月30日）

16 R. Walter, ibid.,S117.

17 カール・ツァイスの精密計測部門からは、１９１９年から１９２７年のあいだに、合計15種類の大型計測機器が開発されて市場に出された。その一例として、光波干渉計や光学式比較測長器（コンパレータ）が挙げられる。R. Walter, ibid.,pp.119 ~121.
光波干渉計は標準尺のかわりに光波を基準とし、波長を目盛として物体の長さが波長の何倍かを測定し、これに波長をかけて寸法を求める機器である。

比較測長器（コンパレータ）は主に機械式、光学式のものがあり、機械式のものは、スピンドルの動きを歯車伝動により２００~３００倍に拡大して目盛板に指示し、指針測微器は梃子と歯車で８００~９００倍に拡大する。光学式のものは、目盛尺が光で照射され、これの動きが光梃子により８００~１００００倍に拡大して読み取りが可能である。とくに測定子の変位を反射鏡の回転に変え、光学的に測定するものは比較測長器のなかでも、とくに"Opti-meter"と呼ばれる。沢本嘉郎編『図説日本産業大系—２』（中央社　１９６９年）90~91頁。

18 R. Walter, ibid.,S118.

19 R. Walter, ibid.,S118.

20 光学計測機器の応用のうちで、よく知られているものは帝国鉄道省の機関車の台枠測定である。機械式と光学式の対比で、鉄道省の上層部は、１９３２年のIltgenでの測定結果の解説で、次のように述べている。

a）機械式測定法とb）光学式測定法による機関車シャシーの測定所要時間を、Tempelhof鉄道省修繕工場で記録した結果、３軸式のシャシーについては、機械式で21時間、光学式で12時間45分であった。これは40パーセントの時間節約となる。またOels鉄道省修繕工場における計測では、５軸式の台枠について機械式25時間、光学式６時間であった。これは76パーセントの時間節約に相当する。Friederich Schomerus, *Geschcihte des Jenaer Zeisswerkes 1846-1946,* Piscator, 1952,pp .247~248.

21 R. Walter, ibid.,S116.
22 R. Walter,iIbid.,S101.
23 R. Walter, ibid.,S156.
24 R. Walter, ibid.,S109.
25 R. Walter, ibid.,S135.
26 R. Walter, ibid.,S136.
27 BACZ, Nr31625, ibid.,S10~11.
28 ケラー、竹田訳、34頁。
29 ケラー、竹田訳、同70頁。
30 ケラー、竹田訳、同64頁。
31 R. Walter,ibid.,S107.
32 R. Walter, ibid.,S144～45.
33 フンメル、クー、村山訳、56頁。
34 Heintz Küppenbender, *Űber Forderungen und ihre Verwirklichung beim Bau von Drehscheibenverschlussen,* Dissertation, der Technischen Hochschule zu Stuttgart, März 1929.
35 ケラー、竹田訳、67～68頁。
36 *An der Wiege der CONTAX*（Zeiss-Ikonが１９３６年頃に製作したCONTAX製造の記録映像）
37 ケラー、竹田訳、１８０～81頁。
38 ケラー、竹田訳、同62頁。
39 R. Walter, ibid.,S143.

40 R. Walter, ibid.,S135.

41 ザロモンは、フランス外相アリスティッド・ブリアンをして「無遠慮の王様」(König der Indiskreten) と云わせしめた。hrsg. Janos Frecot, *Erich Salomon : Photographien 1928-1938*, Schirmer/Mosel, 2004.

42 自社でZeissに対抗できるような大口径レンズを作り得なかったのは、当時のLeitzの技術的弱点であった。マークJ・スモールが述べているように「1920年代に写真界に登場したライカは、アマチュアにもプロにも新しい展望を開くものであった（中略）その一方では、ライツのレンズの品質は二流で種類も少なく値段も高かった。このことが原因になって、他社ではさっそくライカに合うマウントのレンズを出すようになった（中略）とくに大口径レンズは他社に負けていた。」マーク・ジェイムズ・スモール　竹田正一郎訳『ノンライツ・ライカ・スクリューマウントレンズ』（朝日ソノラマ、2000年）15〜17頁。

43 第二次大戦後、日本光学（現、ニコン）はZeiss-Sonnarシリーズを目標として写真用レンズの製品開発を行い、1960年初頭にはこれを凌駕し、日本製カメラの名声を得た。

44 光梃子は、微小変化を求めるときに使う。微小変化は、そのまま測ると大きな誤差になるが光梃子を使えば誤差が小さくなり測定精度が上がる。例えば物体の小さい移動で鏡やプリズムが回転するようにしておけば、物体の移動を高い精度で計測できる。この原理を応用した測定機器はカールツァイス製のものが古くから知られている。なお、光梃子の原理、応用の詳細は以下の文献を参照。寺澤寛一『物理学－上巻』（裳華房　1954年）188頁、副島吉雄『精密計測』（共立出版　1958年）52〜53頁。

45 1925年の発売当初Leicaのレンズとボディの組み合わせは固定されていたが、1930年にはレンズ交換が可能なLeica－Cが発売され、Contaxが発売された1932年3月には、さらに連動距離計を装備したLeica－DⅡが発売され、Contaxと市場で競合した。

しかし、Leitzの技術部長であったLudwig LeitzはLeicaの距離計とレンズの互換性について、1941年の社内報で次のように述べている。

「ライカのレンズは焦点距離はあまり厳密ではなかった。距離計のベースもレンズの光学的中心とは合致しない場合があった。特に焦点距離の長いレンズは、ズレがひどかった。コンタックスの場合は50ミリの標準レンズの距離計機構が、カメラのボディと一体になっていたので、どのレンズの場合も、光学的中心がしっかり一致していた。またこれがないと、距離計が合わなくなるのだ。」ケラー、竹田訳、

157頁。

46 Leica-DIIの光学距離計の基線長が実測で38ミリなのに対して、Contaxは101ミリを確保しており、単純計算で測距精度は約2・6倍も高いことになる。これも、Leicaに対してContaxが技術的優位に立っている点である。

47 LeitzとZeiss-Ikonの距離計に関する特許の権利状況については、『カメラレビュー76号』(朝日ソノラマ、2005年) 林田吉弘「ライカの距離計の謎」72～77頁、特に76頁の表1を参照。

48 愛宕通英『カメラとレンズの辞典』(日本カメラ社 1961年) 193頁。

49 *Combined Photographic Camera and Distancemeter*, U.S.PAT.2,040,050 出願1934年5月25日、公告1936 年5月5日 (ドイツ出願1934年5月30日) 発明者Heinz Küppenbender.

50 愛宕、194～95頁。

51 連動距離計は光学部品と機械部品の組合せによって機能するが、光学部品を保持・駆動する機械部品に作動誤差(遊びやガタ)があると、測定精度に大きく影響する。Contaxでは、当初の可動ミラーによる光路偏角を、楔プリズム(von Boscovichのドレーカイル対)方式に改良することで、機械的誤差の距離計精度への影響を40分の1に縮小した。つまり、楔プリズム距離計は、可動ミラー光路偏角距離計に対して40倍の不感受性を持つ。Josef Stüper,Die Photographische Kamera,Springer, 1962, S251-252.

52 Karl Pritschow u.a. *Objektiv Mikrophotographie Kleinbildkamera Polarfilter ElektrBelichtungsmesser Farbenphotographie*,Springer, 1943,S176.

53 R. Walter, Ibid.,S117.

54 ドイツでは、第一次大戦中の1917年3月8日に特許が申請され、D.R.P302.436が成立している。
(U.S.PAT.2,040,050.*Telemeter*, 出願1921年8月13日、公告1923年5月11日)

55 Eppensteinの楔プリズム距離計付き砲隊鏡(1918)。図(20)、(21)と比較すれば、Contaxの楔プリズム距離計と構造が、ほぼ同一であり、図(22)と比較すれば、楔プリズムをブロック構造化することにより、整備性が格段に向上しているのが判る。
(U.S.PAT.1,546,723, *Telemeter*, 出願1921年8月13日、公告1925年7月21日)
※ドイツでは、第一次大戦中の1918年3月8日に特許が申請されたもの。

56 光学部品と機械部品の組合せから構成される連動距離計の開発にあたりCarl-Zeiss内部でレンズや光

学系の開発を行う写真部と、精密計測機器を開発する精密計測部の間には、密接な技術交流があったものと推測される。精密計測部長であったエッペンシュタインと、写真部長であったエルンスト・バンデンスレープ博士（Dr.Ernst Wandersleb）は義兄弟で親密な関係にあった。

57 ライカは、1925年発売のライカⅠAを基礎に、時代に応じて様々な機能を付け加えていった。ゆえに元々、連動距離計を搭載することを想定していなかった。とくにカメラ上部にはシャッター速度変換ダイヤル、フイルム巻上げノブ等が存在するため、連動距離計を搭載するスペースが不足していた。くわえてコンタックスが強度の高いジルミン（AlSi）ダイカスト製ボディであったのに対して、ライカは板金製ボディであったためカメラ全体の剛性が不足しており、例えば棒プリズムを用いた距離計を用いることは困難（剛性の不足でプリズムが破損する）であったと考えられる。これは、連動距離計の装備を前提に設計されたコンタックスと、連動距離計を搭載することを想定していなかったLeicaの根本的な差異だろう。コンタックスに先行するライカがミラーによる光路偏角方式に終始したのは、顕微鏡製造が主要業態であったライツ社に、軍用距離計などの高精度の距離計の開発や製造経験がなく、複雑な機械系と光学系を連動させる技術基盤がなかった上、Zeissグループが連動距離計の特許を多数所有していたためと考えられる。フォン・ボスコビッチのドレーカイル対などは、1770年に考案された「反対方向に回転する光楔」以来、既知のものであったが、その実地の設計製造には、光学系と機械系の複雑な連動機構を実現する技術が必要なのである。

58 クッツ、浦郷訳、43頁。

59 クッツ、浦郷訳、同152頁。

60 クッツ、浦郷訳、同39〜41頁。

61 クッツ、浦郷訳、同91頁。

62 クッツ、浦郷訳、同41頁。

63 クッツ、浦郷訳、同61頁。

64 カールツァイス財団の創立者アッベ博士が1889年に定めた定款（das Statut）第43条には次のように書かれている。

「（中略）財団傘下の企業体は、未来のいかなる時点においても、出来る限り広い範囲で、技術的な価値は非常に高いが、むしろその故に、孤高を守るというふうになりがちな領域をえらぶようにするべきである、ということである。無論、こうした領域での事業は、利益をもたらすことは少ないが、その反面、グループ全体の技術的水準を向上させるのに役立つということもあるし、また何よりも、企業体を営利追求のためにのみ、要領よく運営してゆくのが、経営のあり方であるという、現代の風潮に対して、断固として同調しないばかりか、むしろ、これと対決してゆく姿勢を明瞭にしめしてゆくことになるからである。」

この定款第43条の順守は、ツァイスグループの傘下となった各メーカー、例えば1926年結成のツァイス・イコンにも義務として課せられただろう。そして、現代的カメラの始祖であるコンタックスの技術開発は、単にライカとの差別化のためのみならず、このような企業理念から生み出された、利益を度外視した、次世代のカメラ開発に向けた技術革新だったとも、考えられる。

65 ライカ写真術を編み出したことで知られるパウル・ウォルフ博士（Dr.Paul Wolff）は、スナップ撮影の生みの親である写真家ザローモン博士にライカを奨め、ザローモンは1932年以降、ライカで撮影を行なうようになった。ジャン＝A・ケイム・門田光博訳『写真の歴史』文庫クセジュ（白水社　1971）113頁

# あとがき——追悼・竹田正一郎さん

森　亮資

僕が、故竹田正一郎さんの追悼をあとがきで書くことには、いささか異論もあるかも知れない。竹田さんとの付き合いは22、3年ほどだが、もっと長くお付き合いのあった方も、当然のことながらおられるだろう。

しかし、突然の逝去の2日前に本著『神聖ライカ帝国の秘密』を任された身としては、まったく不適任でもないと思う。

竹田さんは僕の人生の転機に必ず介在していた人、そして、常にインスピレーションを与えてくれる人であり続けた。

本人はいつも、冗談なのか本気なのか「120歳までは生き続ける」と公言していて、それもあながち不可能じゃないな……と、思わせるような〝人を喰って生きている〟ような人だった。

竹田正一郎は「人でなし」である。

まず、竹田さんを評するならこうなるであろう。

何も「人でなし」であることは、悪いことじゃない。ニーチェ（F.W. Nietzsche）の『ツァラトゥストラはかく語りき』（*Also sprach Zarathustra*）でいうところの「超人」（Übermensch）であるからだ。人の領域を超えた存在、そんなモノは人ではナイ。つまりは「人でなし」だ。それは、英語、ドイツ語、フランス語、ラテン語などあらゆる欧米言語に精通し、そしてドイツ哲学からフランス哲学、美学、建築、音楽、映画、演劇、古典、漢文、古典籍、ファッション、マンガ、アニメ、枚挙に暇のないくらいの分野で、常人を逸した知識と才能を持っていた。これからも、その「人でなし」ぶりが伺えるというものだ。

僕は、大学教員の末席に籍を置く身として、いままで少なからず大学教授、博士号の学位を持つ人と関わりを持ってきたが、竹田さんに匹敵出来るような才人には、まだ会ったことがない。

さて、竹田さんは「勤め人」やっていた時代があった。

竹田さんがどんな勤め人だったか、とても不思議がる人もいて、聞かれて困ったコトがある。なぜなら僕と竹田さんとの付き合いは、竹田さんが退職した頃くらいからだからだ。

竹田さんは勤め人といっても、タダの勤め人じゃない。味の素ゼネラルフーズ（AGF）の長期戦略室室長、ジェネラルマネージャーだ。当然、AGFのような大企業の役員だから社用車を使える身分だった。竹田さん用の社用車（日産プリンス、グロリア）はエンジンが4気筒だった。社長専用車だけは6気筒だったそうで、竹田さんは社長専用車の6気筒エンジンの乗り心地がお気に入りで、社長が出不精をいいことに社長専用車を運転手付きで勝手に乗り回していた。

ところが、である。ある時、緊急の案件で出不精の社長が急遽、クルマで出掛けることになったが、社長専用車は竹田さんが使っていて、結局、社長は竹田さんの社用車で出掛けるハメになった。あとで口やかましい専務にグチグチいわれたそうだが、竹田さんは「ああ、社長はナニもいわなかったから、きっと問題なかったんだよ！」
ウン、きっとネ……（苦笑）

さて、ところで、ナゼ竹田正一郎の最後の著作がライカ、『神聖ライカ帝国の秘密』なのか？　これが多くの読者にとっては最大の謎だろう。しかし、僕には思い当たるフシがある。

学術の世界では、大御所の大先生が晩年になると研究を原点回帰するということが、ままある。思うに、竹田さんも子供のころに出会ったライカへ帰っていったのだ。

竹田さんが子供の頃、１９３０年代のライカは、一部のライカオタクのものではなく写真術に新たなコンセプトを与えた先駆者であった。その基本はバルナックの「小型、軽量、誰でも使えて、よく写る」という現代カメラの基礎となるコンセプトであり、後進のコンタックスも、確かに個々の性能はライカより優れていても、根底にあるライカのエレガントさを遂に超えられなかった。

そしてエレガントなライカは、ブランドになった。真似されるのがブランド品の宿命で、ライカほど真似されたカメラは空前絶後だろう。そしてマネしたライカ（Copy Leica）が消滅した後も、ライカは生き残った。

そして、紆余曲折を経ながらもライカはデジタル時代を迎えて消滅するどころか、ますます輝きを増した存在として君臨している。デジタルMライカの登場だ。僕はバルナック型、フィルムMライカ、デジタルMライカの全てを日常的に使用しているが、何ら少しもライカに変わるところがない。当然、デジタルMライカはデジタルカメラだから、電気仕掛けであることは判っていても、フィルム時代の機械式ライカと感触が変わらない。

これは、本当に凄いことだ。

バルナックのコンセプトが、そこに生きているからだ。

これも、ライカ社を事実上再生させたA・カウフマン博士（Dr. A. Kaufmann）の手腕であろう。竹田さんも、それを見届けて、『神聖ライカ帝国の秘密』を書き、あとを任せて旅立たれたのだと思う。

ライカにはじまり、カール・ツァイスを通じてドイツ光学機械産業史の中に潜むドイツ現代史、科学と技術が織りなす闇の深淵を覗き、そして人生の最後の時期にライカへまた戻ってきた。そんな竹田さんも、２０１３年11月４日に82歳で逝去した。

僕はその2日前にお見舞いして、本書のあとを託されたばかりだったので、非常に驚くとともに慌てた。あわただしく上京してお通夜、お葬式が終わり、冬が過ぎて、年も明けて桜の季節がやってきた。

２０１４年4月、僕たち夫婦は、京都府精華町にある国会図書館関西館へ出かけた。（そうそう、僕たち夫婦の婚姻届の保証人も竹田さんだった）僕たち夫婦ともに大学に所属する研究者なので、お目当ての資料収集のためだ。

調査をはじめて、1時間ほどが経っただろうか。隣の席に居た妻がニヤニヤしながら「竹田さん、昔からあのノリだったみたいよ」と、『日本経済研究センター会報』という業界誌の1ページを手渡してくれた。

１９８7年5月の日付のあるそこには、「食い物屋の本尊」という竹田さんの短いコラムがあった。竹田さんは、味の素ゼネラルフーズ長期戦略室室長というお堅い役職にあったのだが、その内容たるや……あの〝人を喰ったよう〟な〝底意地の悪い〟竹田さんの性格が滲み出ていた。

他の人が真面目に円高対策だとか、企業体質の向上を……とか書いているのに、竹田さんは、目先の経営なんて放っておいてボードリャール（Baudrillard）やゴドリエ（Godelier）の哲学書でも読んで、新しいアプローチを考えればイイなんて内容だ。お堅い業界紙に、あのノリでよくぞ掲載されたモノだと呆れながらも、さすが食い物屋、人をも喰うか……と、爽快感さえ覚えた。

国会図書館関西館の外は桜の季節、桜の花が舞い散っていた。いつのことだったか、やはり4月の初旬、僕は京都・嵐山で満開の桜の下を、ライカM3だったかM5を首から下げて竹田さんと歩いたことを思い出した。竹田さんは、また何時もの調子で、「人間の最大の財産は精神だ、それが文明社会のあらゆることを生み出す。リーフエンシュタールの映画にもあるだろ、意志の勝利というやつだよ」

いまも僕は、あのとき竹田さんのいったコトバ *der Triumph des Willens* 意志の勝利というのを、心の中で励みとしている
2015年　秋

## 著者略歴

### 竹田正一郎（たけだ・しょういちろう）

1931年生まれ。1956年から63年までドイツを中心としたヨーロッパで生活。大手食品企業退職後は文筆業に専念。2013年11月、歿。

主な著書・訳書：パストゥール『ビールの研究』(共訳：大阪大学出版局)、『ウオッチ・デザインNo. 3』『ヒトラーのデザイン』（以上、ワールドフォトプレス)。『コンタックス物語』、サルトリウス『ライカスタイルブック』『ライカレンズの見分け方』、スモール『ノンライツ・ライカ・スクリューマウントレンズ』（以上、朝日ソノラマ)。ケラー『ライカ物語』、『ツァイス・イコン物語』（以上、潮書房光人社）など

### 森　亮資（もり・りょうすけ）

1970年、兵庫県芦屋市生まれ。12歳の頃からライカに親しむ。写真は晩年のハナヤ勘兵衛に師事。20代前半頃より朝日ソノラマ『カメラレビュー誌』でクラシックカメラ・レンズの執筆を多数行なう。立命館大学大学院社会学研究科博士後期課程満期退学、関西大学非常勤講師。

所属学会：日本科学史学会、日本産業技術史学会、日本産業考古学会

論文：「ワイマール・ドイツにおける『現代的カメラ』の開発」「第二次大戦前日本における35ミリ精密カメラ開発」（日本産業技術史学会編『技術と文明』思文閣）等

神聖ライカ帝国の秘密
王者たるカメラ100年の系譜

2015年11月2日　印刷
2015年11月8日　発行

著　者　竹田正一郎／森 亮資

発行者　高城直一

発行所　株式会社　潮書房光人社
〒102-0073
東京都千代田区九段北1-9-11
振替番号／00170-6-54693
電話番号／03(3265)1864(代)
http://www.kojinsha.co.jp

装　幀　熊谷英博
印刷所　株式会社堀内印刷所
製本所　東京美術紙工

定価はカバーに表示してあります
乱丁，落丁のものはお取り替え致します。本文は中性紙を使用
© 2015 Printed in Japan ISBN978-4-7698-1606-5 C0095

## 好評刊行

**撮るライカⅠ／Ⅱ**
——アンチライカマニアのライカ讃歌

神立尚紀　カメラを愛でるな、写真を愛でよ！ 眠れるライカを叩き起こせ！ ライカ教信者に贈る異端の書。M型ボディ50台、レンズ100本を使い倒した報道写真家が、ライカの魅力を語る話題作！

**アナログカメラで行こう！1 2**
——僕の愛してやまない銀塩の名優たち

吉野 信　プロ写真家になって35年、僕の手にはいつもカメラとフィルムがあった。今も現役全76機種の魅力と味を語る。1 35㎜一眼レフ&コンパクト機篇／2 中判&35㎜レンジファインダー機他篇

**野生のカメラ**
——動物写真家の世界冒険撮影記！

吉野 信　「自然は神、野生は友」をモットーに30数年に渡り世界中の野生動物と自然を追い続けてきた写真家が、ベストショットの裏に隠されたエピソードとネイチャーフォト撮影の「技」を初公開！

**カメラは時の氏神**
——新橋カメラ屋の見た昭和写真史

柳沢保正　太平洋戦争中は新聞カメラマンとして活躍、敗戦後はガレキの中にカメラ店を立ち上げて、カメラ一筋に生きた男の昭和写真一代記。新橋「ウツキカメラ」のオヤジが語った戦中・戦後。

**ライカ物語**
——誰も知らなかったライカの秘密

E・G・ケラー／竹田正一郎訳　父親はライツ社の職長、自らもバルナック在職中の一九三〇年から半世紀にわたり同社に勤めた著者が、膨大な内部情報と図面を駆使して綴る回想記。ライカ史を書きかえる証言。

**ドイツ軍艦写真集**
——帝政ドイツの艨艟たちの勇姿

高木宏之　ドイツの将来は海上にあり——をスローガンに世界第二位の海軍を造り上げた帝政ドイツ。十九世紀末から第一次大戦までに建造された水上艦の鮮明な画像集。本邦初公開写真百点収載。